유레카의 순간들

인류사를 뒤흔든 29가지 과학적 발견과 발명

유레카의 순간들

김형근 지음

살림Friends

들어가는 말

"우연(유레카의 순간)이 어떤 사람에게 일어나는지 관찰해 본 적이 있는가? 순간적인 영감은 그것을 얻으려고 오랜 시간에 걸쳐 준비하고 고심해 온 사람에게만 찾아오는 법이다."

– 루이 파스퇴르(프랑스의 화학자, 세균학자)

내가 본격적으로 과학 저술가 활동을 시작한 지 13년째에 접어들었다. 그러나 사실 나는 대학에서 인문학을 공부하고 정치외교학과를 졸업했다. 오랫동안 언론사에서 기자로 근무했지만 과학과 관련된 부서에서는 근무한 적이 없다. 과학과는 동떨어진 채 살았고, 과학기술은 남의 일처럼 생각되었다. 하지만 노벨 물리학상을 받은 일본인 교수를 인터뷰한 것이 인연이 되어 과학 저술가라는 색다른 여정에 오르게 되었다.

나는 글을 쓰면서 항상 인문학적 시각에서 과학을 바라보고자 노력했다. 이것은 과학의 대중화와 과학 커뮤니케이션을 위한 것이었다. 무엇보다 이러한 노력은 과학과 인문학의 출발점이 다르지 않을 것이라는 믿음에서 비롯되었다.

우리에게 '유레카'라는 단어는 생소하지 않다. 내가 과학 저술가로 활동하면서 머릿속에서 늘 떠나지 않았던 단어 역시 유레카였다. 그래서 이 유레카의 정체를 해부하기 위해 노력해 왔는데, 과학자들이 오랜 노력 끝에 얻은 '학문적 깨달음'이라고 정의하고 싶다. 그 깨달음은 다양한 노력이 뒷받침이 되어야 한다. 따라서 유레카는 비록 우연히 찾아오지만 학문적 집착과 아집에서부터 나오는 필연이라고 주장하고 싶다.

사실 누구나 갑자기 좋은 아이디어가 떠오르는 경험을 해 보았을 것이다. 그리고 그런 경험은 대부분 우연히 찾아온 것이 아니다. 창의적인 발상은 이전부터 무언가를 고민하고 준비해 왔기 때문에 생겨난다. 유레카는 얄궂게 표현해서 '길을 가다가 지갑을 줍는' 그런 우연이나 횡재가 결코 아니다.

과학자들의 업적도 마찬가지이다. 과학자들이 사막의 탁발승만큼 고독한 길을 묵묵히 걷다 보면 그 길목 어딘가에서 갑자기 영감이 떠오르곤 한다. 이 영감의 원천이 바로 끈기와 집착, 인내와 집념이다. 우연이 아니라 필연의 산물인 것이다.

유레카는 천재 과학자들을 따라다니는 공통 언어다. 과학 발전을 이룩한 획기적인 순간, 그들의 통찰력이 빛을 발하는 순간은 인간의 마음만큼 다양하고 복잡하다. 고대 그리스의 수학자 아르키메데스로부터 비롯되었다는 '유레카'라는 말은 이제, 무언가 완전히 새로운 것을 발견했을 때 거기에서 비롯되는 환희와 경이와 충격을 묘사하는 말로 쓰인다.

위대한 과학은 위대한 철학에서 비롯된다고 생각한다. 위대한 과학자들은 위대한 사상으로 위대한 꽃을 피웠으니까. 최근 주목받고 있는 과학과 인문학의 융합, 학문 간의 통섭은 전혀 새로운 시도가 아니다. 고대 그리스 시대에는 과학과 철학이 하나였고, 그것을 조명하려는 오늘날의 움직임은 21세기의 새로운 르네상스 운동일 터이다. 과학 연구가 지니는 인문학적, 사회적 함의를 탐구하지 않고

서는 위대한 업적이 나올 수가 없다.

자연현상은 무질서하고 임의적으로 일어나는 것처럼 보인다. 그러나 그 내면을 들여다보면 어떤 법칙과 인과관계에 따라 발생함을 알 수 있다. 따라서 현상들이 어떻게 규칙적으로 발생하는지, 그러한 법칙의 원인이 무엇인지를 밝히는 것은 과학 분야에서 매우 중요하다. 자연의 비밀스러운 베일을 하나하나 벗기는 것이 바로 과학적 탐구다.

그런 의미에서 수많은 발명과 발견은 극적인 유레카의 순간으로 이루어졌다. 물론 유레카의 순간이 없어도 하나의 목표를 향한 끈질긴 노력과 계획을 통해 뛰어난 발명과 발견을 이룬 과학자들도 있다. 오로지 끈기와 노력만으로 훌륭한 업적을 이룰 수 있다는 것을 증명하는 사례도 많다. 단 한 번의 순간적인 깨달음으로는 충분하지 않은 경우도 있다. 예를 들어 아인슈타인의 상대성이론은 사실 여러 학자의 유레카의 순간이 모이고 또 모여서 완성된 거대한 걸작품이라고 해도 과언이 아니다.

이 책 『유레카의 순간들』은 세계 과학사에 혁명을 가져오고 인류에게 새로운 문명을 안겨다 준 과학자들의 업적을 소개한다. 그중에는 우리가 익히 알고 있는 과학자도 있고, 생소한 과학자도 있다. 그러나 그들의 업적을 새롭게 조명하고 그에 얽힌 일화를 살펴보는 일, 유레카의 순간의 배경이 되는 철학적, 인문학적 사상이 무엇인지 들여다보는 일은 우리가 과학에 대해 보다 많은 호기심과 흥미를 가질 수 있는 시작점이 될 것이다.

루이 파스퇴르는 "순간의 영감은 그것을 얻으려고 오랜 시간에 걸쳐 준비하고 고심해 온 사람에게만 찾아오는 법이다."라는 명언을 남겼다. 이 명언이 시사하는 것처럼 독자들은 일상 속에서 지금껏 누구도 생각하지 못했던 것을 떠올린 과학자들의 이야기를 통해 과학적 사고력을 높이고 평범한 일도 호기심을 가지고 대하다 보면 새로운 무언가를 발견할 수 있다는 사실을 깨달을 것이다. 막연하게 과학은 어렵고 복잡하다고 여겼던 사람들도 유레카의 순간을 맞이한 과학자들의 열정과 노력에 공감한다면 얼마든지 과학과 가까워질 수 있고, 저마다의 '유레카의 순간'을 맞이할 수 있을 것이다.

마지막으로 과학 저술가의 길을 걷기 시작하면서부터 늘 미안했던 집사람에게 위안이 되길 바라는 마음이다. 그리고 나와 달리 과학자가 되길 꿈꾸며 정신없이 바쁜 학창 시절을 보내고 있는 딸에게도 자랑스러운 아빠가 되었으면 한다.

성북동 뒷산의 개나리와 진달래가 꽃망울을 터뜨렸다. 조금 있으면 피나게 우는 소쩍새가 돌아올 것이다. 그 속에서 삶의 의미를 다시 한 번 되돌아보려고 한다. 과학보다 더 중요한 것은 영혼이고 생명이다. 많은 독자들이 과학자들의 유레카를 통해 그들의 과학, 영혼, 생명과 가까워질 수 있는 기회가 가졌으면 좋겠다.

2017년 4월 성북동 뒷자락에서

김형근

목차

3부. 연쇄 호기심 반응을 불러일으킨 위대한 우연의 순간들

1부

빅뱅처럼 터졌다!
과학사의 극적인 순간들

낡은 시계탑에서 위대한 영감을 얻다

아인슈타인과 상대성이론

어린 소년은 공부에 별 흥미가 없었으나 빛은 무척 좋아했다. 그리고 소년은 그토록 좋아하는 빛의 속도가 매우 빠르다는 것을 배웠다. 소년은 빛을 타고 싶었다. "아, 내가 빛을 타고 달린다면 세상은 어떻게 보일까?"

빛을 좋아했던 소년, "빛을 타고 달리고 싶다"

'될 성싶은 나무는 떡잎부터 알아본다.'라는 속담이 있다. 그렇다면 과학자들의 평생 목표인 노벨 과학상 수상자는 이미 어릴 때부터 정해져 있는 것일까? 아마 그럴지도 모른다. 어릴 적의 호기심과 상상력이 지적 영감으로 이어질 때 위대한 과학적 업적이 탄생할 수 있기 때문이다.

도쿄 대학 물리학과 교수인 에사키 레오나[江崎玲於奈] 박사는 1973년 노벨 물리학상을 받은 석학이다. 2004년 8월 서울을 방문했을 때 필자는 그를 만나 인터뷰를 하면서 '노벨상을 받을 수 있는 비결'에 대해 물었다.

에사키 박사는 이렇게 대답했다.

"노벨상 수상자의 자격은 어쩌면 어린 시절에 결정된다고 봅니다. 어린 시절, 호기심에 의한 영감 그리고 상상력이 매우 중요하기 때문입니다."

그리고 이런 충고를 덧붙였다.

"권위 있는 사람에게 지나치게 이끌리지 말아야 합니다. 위대한 교수와 가깝게 지내면 자신의 고유한 통찰력을 잃어버리고 어린 시절의 자유로운 영감도 상실할 위험이 있습니다. 그 위대한 교수가 노벨상을 받았다고 해서 제자도 그렇게 된다는 법은 없으니까요."

창의력은 분석과 이해보다 직관력과 상상력에서 비롯된다

인간의 능력은 두 가지로 나눌 수 있다. 하나는 분석하고 이해하고 선택하고 판단하는 과정이다. 다른 하나는 인식이나 상상을 통해 새로운 사고를 창출하는 능력이다. 이러한 창의성이야말로 혁신의 동력이며 인류 문명의 발달을 지속시킨다.

스위스의 수도 베른은 취리히나 제네바보다 훨씬 작다. 그러나

치트글로게는 스위스에서 가장 오래된 3대 시계 중 하나이다.

시가지 전체가 세계문화유산일 정도로 스위스의 역사가 고스란히 녹아 있는 도시다. 그런데 이곳을 방문하는 관광객들의 관심을 사로잡는 유별난 명소가 하나 있다. '치트글로게(Zytglogge)'라는 오래된 시계탑이다.

이 탑은 마르크트 거리가 끝나는 교차로에 위치하고 있는데 1256년까지 도시의 출입구로 사용되었다. 현재에는 천문학 시계가 달렸고, 별자리가 새겨졌는데 이것은 1530년에 완성된 것이다. 당시 시내의 다른 시계들은 모두 이 시계의 시각을 기준으로 삼아 맞추었다고 한다.

매시 4분 전이면 시계에 장치된 인형이 자기 머리 위의 종을 울리기 위해 움직이기 시작하고 이어 베른을 상징하는 곰이 나타난다. 끝으로 시간의 신 크로노스(탑에 그려져 있는 그림)가 모래시계를 뒤집어 놓으면 탑 꼭대기의 금빛 인형이 종을 망치로 두드려 시각을 알린다.

베른의 시계탑은 천동설의 산물

치트글로게는 천문시계여서 해와 달 그리고 별자리가 나타나 있는데, 프톨레마이오스의 천동설이 주류를 이루던 시대에 만들어졌다. 그래서 천문시계 속 우주의 중심에는 지구가 위치하고 있다. 당시에는 시계탑이 있는 이곳을 우주의 중심으로 여겼다.

이 탑은 베른의 서쪽 요새로 이용되었으며 그 후에는 여성 감옥으로 사용되어 유명해졌다. 성직자를 유혹하여 성관계를 가진 매춘부들을 수감하는 감옥이었다. 당시 중세에는 성직자를 유혹해 잠자리를 한 매춘부들을 중형으로 다스렸다.

이 시계탑을 지나 조그마한 다리를 건너면 물리학으로 시공간의 개념을 정의한 아인슈타인(Albert Einstein, 1879~1955)의 박물관이 있다. 베른의 시계탑은 아인슈타인이 상대성이론을 발견하는 데 영감을 준 장소로 더욱 유명하다.

베른과 아인슈타인이 무슨 관계가 있느냐고? 아인슈타인은 취리히 연방 공과대학을 졸업한 후 한동안 직장을 구하지 못했다. 그러나 곧 베른에 있는 특허 사무소에 취직할 수 있었다. 200년간 가장 완벽한 물리법칙으로 여겨졌던 뉴턴역학을 뒤집는 특수상대성이론을 고안해 낸 시기가 바로 베른의 직장에 재직하고 있을 때였다.

내 시계는 빠른데, 시계탑의 시계는 왜 느린가?

아인슈타인은 수년 동안 독립적인 대상인 공간과 시간을 하나로 통합하려는 시도를 했다. 그러던 어느 날 그는 집에 가기 위해 전차를 탔다. 전차는 앞으로 나아갔고 시계탑을 지났다. 그는 무심코 시계탑을 쳐다보고 다시 자신의 손목시계를 보았다.

그런데 시계탑의 초침은 '째~깍 째~깍' 느리게 가는데 손목시계의 초침은 '째깍째깍' 빠르게 가는 것이었다. 그때 그에게 순간적으로 거대한 영감이 떠올랐다.

"아하! 시간은 고정불변의 개념이 아니구나. 관찰자인 내가 어떻게 대상을 관찰하는가에 따라 달라지는 것이었어!"

그의 상대성이론(정확하게는 특수상대성이론)에 대한 열쇠가 바로 여기에 있었다. 그 열쇠는 간단하면서도 아주 멋들어진 것

알버트 아인슈타인.

이었다. 관찰자인 우리가 얼마나 빨리 움직이느냐에 따라 시간도 다르게 움직인다는 사실을 깨달은 것이다. 20세기의 거대한 과학이 탄생하는 유레카의 순간이었다.

그러나 여기에서 끝난 것이 아니었다. 아인슈타인은 또다시 질문을 던졌다.

"만약 이 전차가 빛의 속도로 달린다고 가정하면 시계탑의 시간은 어떻게 보일까?"

어린 시절 빛을 타고 달리고 싶었던 아인슈타인의 호기심과 영감이 다시 되살아났다.

"아마 그 시계의 시간은 아주 느리게 움직이다 못해 아예 멈춘 것처럼 보일 것이다. 왜냐하면 시계탑에서 나오는 빛은 빛의 속도로 달리는 전차를 따라잡을 수 없기 때문이다!"

시간 정보가 전차를 타고 있는 관찰자에게 전해지지 않기 때문에 멈춘 것처럼 보인다는 이야기다.

영감은 무의식적인 사고에서 나온다

그러면 과학사를 바꿔 놓은 이 순간은 어떻게 탄생했을까? 잠시 심리학 전문가의 이야기를 들어보자. 노스웨스턴 대학교 캘로그 경영대학 심리과학 교수인 아담 갤린스키(Adam Galinsky) 박사는 이렇게 분석했다.

"의식적인 사고는 1차원적, 직선적, 분석적인 결정을 할 때 상당히 유용하다. 그러나 무의식적 사고는 특히 복잡한 문제를 해결할 때 대단히 효과적이다. 이러한 무의식적인 활성화가 번뜩이는 영감의 기폭제가 되어 중요한 발견으로 이어지는 유레카의 순간을 탄생시킨다."

그동안 아인슈타인이 보고 느끼고 그리고 매달렸던 경험들이 내면에 잠재돼 있다가 무의식적인 순간에 창의적인 아이디어로 나타난 것이다. 다시 말해서 아인슈타인의 머릿속에 축적된 정보들이 무의식적으로 나온 직관을 통해 영감으로 떠올랐다는 이야기다. 움직이는 기준틀(reference frame)의 시계는 '고유 시간(proper time)'보다 천천히 간다. 이 효과를 '시간 지연(time dilation)'이라고 한다. 고유 시간은 시계에 대해 정지한 관찰자가 측정한 시간이다.

CERN 실험으로 입증한 '시간 지연'

이는 1976년 유럽입자물리연구소(CERN) 실험실에서 움직이는 뮤온(muon)이라는 소립자의 수명 측정을 통해 검증되었다. 뮤온은 질량을 지니고 전하도 가지며 반감기는 2.2μs(마이크로초)인데, 붕괴 실험을 통해 표준 모형의 검증에 활용되는 소립자다.

만약 이 소립자가 빛의 속도로 운동한다고 하더라도 약 660m밖에 움직이지 못한다. 그 이후에는 붕괴되기 때문이다. 그러나 실제

스위스 제네바에 위치한 유럽입자물리연구소의 랜드마크 건물 '더 글로브'의 모습.

로는 훨씬 더 긴 거리인 약 10㎞까지 움직이는 것으로 관측된다. 뮤온의 입장에서는 공간이 수축된 것으로 보인다. 이는 비행하는 제트기 안에 설치한 원자시계의 시간과 미국 해군 관측소의 기준 원자시계의 시간 간격을 측정하여 비교한 실험(Hafele & Keating)을 통해서도 확인되었다.

1971년, 미 해군 천문대 과학자 조 헤이펠리와 리처드 키팅은 제트기에 4대의 원자시계를 싣고 지구를 2바퀴 돌게 했다. 두 사람은 광속에 가까운 속도로 달리면 시간이 느려진다는 아인슈타인의 특수상대성이론이 옳은지 실험을 한 것이다.

그러나 이 실험에는 한 가지 결점이 있었다. 비록 제트기가 아무리 빠르다고 하더라도 광속과 비교하기에는 어림도 없다는 점이다.

그렇지만 특수상대성이론의 방정식 $E=mc^2$을 따른다면, 비록 제트기의 속도여도 지상에 정지해 있는 시계와 아주 미세한 차이가 생겨야 한다.

그러나 그 시간 차이는 너무나도 작아서 나노초(10억 분의 1초) 단위로만 측정이 가능하기 때문에 그것을 측정하려면 스톱워치 이상의 정밀한 장비가 필요하다. 이것이 아인슈타인의 예측을 검증하는 데 오랜 시간이 걸린 이유 중 하나였다. 결국 나노 스톱워치가 개발되면서 상대성이론이 옳다는 것이 입증되었다.

시간뿐 아니라 공간 역시 관찰자에 따라 상대적이다

공간의 개념인 길이 역시 기준틀에 대해 다르게 측정된다. 물체에 대해 움직이는 기준틀에 있는 관찰자가 측정한 물체의 길이는 항상 '고유 길이(proper length)'보다 짧다. 이 효과를 '길이 수축(length contraction)'이라고 한다. 물체의 고유한 길이란 그 물체에 대해 정지한 관찰자가 측정한 길이다.

상대성이론은 이처럼 시간에만 국한되는 것이 아니라 공간에도 적용된다. 결국 공간과 시간을 하나로 통합하려고 애를 썼던 아인슈타인의 꿈이 이루어진 것이다.

1911년 아인슈타인은 시간 지연과 관련하여 이런 말을 남겼다.

"우리가 어떤 생명체를 상자 안에 집어넣고 오랫동안 비행시킨다고 가정해 보자. 이 생명체의 조건이 거의 바뀌지 않은 채 원래의 지점으로 돌아오게 만들 수 있다면, 비행하는 동안 출발점에 남아 있던 다른 생명체들은 새로운 세대에게 자리를 넘겨준 지 오래일 것이다."

상대성이론 설명에 자주 등장하는 '쌍둥이 역설'

물리학자들은 상대성이론을 설명하기 위해 종종 '쌍둥이 역설'을 들고 나온다. 예를 들어 20세의 일란성 쌍둥이를 생각해 보자. 형제는 같은 시계를 가지고 있다. 형은 지구에 남고, 동생은 지구에서 빛의 속도의 절반(초속 15만㎞) 속력을 내는 우주선을 타고 10광년 떨어진 행성으로 여행을 다녀온다. 동생이 여행을 마치고 지구에 돌아왔을 때 형의 나이는 60세이고 동생의 나이는 54.6세일 것이다.

하지만 이것은 지구를 기준으로 생각한 결과이다. 모든 운동은 상대적이므로 우주선을 기준으로 하면 반대의 결과가 나온다고 생각할 수도 있다. 이러한 모순을 '쌍둥이 역설'이라고 한다.

특수상대성이론이 발표된 초기에는 이 문제가 비판의 근거가 되었다. 그러나 특수상대성이론은 등속도로 움직이는 관성계만을 다룬다. 우주선은 출발할 때와 되돌아올 때 가속을 하기 때문에 지구를 기준으로 우주선이 왕복운동하는 것이 맞다. 그래서 우주선 속 동생이 젊어지는 것이 옳은 결론이다.

시계탑과 전차, 상대성이론을 구체화시킨 좋은 모델

불과 100년 전의 아인슈타인은 이제 고대 그리스 로마 시대의 인물처럼 신화나 전설이 되었다. 아인슈타인의 행동 하나하나가 심리학자, 과학 저술가 그리고 소설가의 손에 의해 전설과 픽션으로 변모되었다. 그러나 분명한 것은 그가 베른에서 5년 동안 머물던 그 시기에 상대성이론의 기초가 마련됐다는 사실이다. 이는 아인슈타인도 직접 인정한 사실이다. 한때 우주의 중심이었던 고도(古都) 베른에서 새로운 우주의 원리를 발견한 것이다.

전차와 시계탑에 대한 이야기는 작가들마다 다르게 묘사한다. 그러나 움직이는 전차에 탄 관찰자 그리고 정지해 있는 시계탑은 상대성이론을 구체화시키기에 좋은 모델이었을 것이다.

"뉴턴의 고전물리학을 완전히 못쓰게 만들었다!"

"뉴턴의 물리학은 이제 완전히 폐품으로 전락했다!"

상대성이론을 발표했을 때 언론은 이런 헤드라인으로 1면을 장식하면서 과학사의 새로운 혁명이라고 극찬했다.

과학 이론이나 자연현상을 다른 각도에서 보다

아인슈타인은 학창 시절에 어떠한 두각도 나타내지 못했다. 초등학교와 중학교를 다닐 때에는 선생님으로부터 "학교에서 나가는 것이 열심히 공부하는 다른 학생들을 방해하지 않고 도움을 주는 일."
이라는 충격적인 소리를 들었다. 물론 그가 유대 인이라는 사실도 상당 부분 작용했을 것이다.

그렇다고 대학에서 그의 학업 성적이 아주 나아진 것도 아니다. 대학생 시절 그는 과학 분야에서 가장 중요한 수학 과목 점수가 나빠 늘 고민에 빠지곤 했다. 그러나 과학 이론이나 자연현상을 좀 더 독특하고 다른 각도에서 바라보려고 노력했다.

아인슈타인 스스로도 자신이 상대성이론을 발표하게 된 건 머리가 출중했기 때문이라고 생각하지 않았다. 그의 뇌 구조 또한 일반 사람들과 별반 다를 게 없다는 사실이 밝혀졌다. 그러나 그의 독특한 사고와 창의적인 노력은 남달랐다.

빛을 타고 여행을 하고 싶었던 소년, 아인슈타인. 공간과 시간을 하나로 통합하려는 엉뚱한 사고에 집착했던 과학자. 기존의 고정관념을 깨고 다른 각도에서 바라보려는 창의적인 노력 덕분에 위대한 상대성이론이 탄생할 수 있었던 것이다.

난 늘 예쁜 조약돌을 찾는 어린아이

뉴턴과 만유인력

"세상의 눈에 내가 어떻게 비치는지 모른다. 나는 내 스스로를 바닷가에서 장난치는 소년이라고 생각했다. 내 앞에는 아직 발견되지 않은 거대한 진리의 대양(大洋)이 있다. 나는 그 속에서 조금 더 매끈한 조약돌이나 조개껍질을 찾으려고 애쓰는 소년처럼 보일 거라고 생각했다."

항상 예쁜 조약돌과 조개껍질을 줍는 어린아이

위에 소개한 말은 근대과학의 서막을 열고 17세기의 거대한 과학혁명을 완성한 과학자 뉴턴(Isaac Newton, 1642~1727)이 임종을 앞두고 친한 친구에게 남긴 것으로 데이비드 블루스타의 『뉴턴의 전기』에 소개되어 있다. 우리에게 뭉클한 감동을 줄 뿐만 아니라 꼭 집어

낼 수 없지만 커다란 뭔가를 암시하는 명언이기도 하다.

아이작 뉴턴.

이미 팔순을 넘어 꼬부랑 할아버지가 된 그는 왜 자신을 바닷가에서 장난치는 소년에 비유했을까? 더구나 거대한 과학적 업적을 일궈 큰 존경을 받는 인사가 말이다. 사람들에게 '나는 별로 한 일이 없다고' 말하는 겸손의 메시지인가?

뉴턴이 임종 직전에 한 말을 조금만 주의 깊게 들여다보면 과학자로 성공하는 데 있어서 필요한 자질 그리고 과학자가 지녀야 할 마음가짐을 확인할 수 있다. 바로 어린이와 같은 순수한 마음, 때 묻지 않은 호기심과 상상력이 풍부해야 한다는 점이다.

주위 세계에 대해 끊임없이 궁금증과 호기심을 가지고, 샘솟는 상상력으로 호기심을 풀고자 애쓰는 소년의 마음을 가졌을 때에야 위대한 과학자가 될 수 있다는 점. 이것이 바로 뉴턴의 명언 속에서 우리가 깨달아야 할 교훈일 것이다.

뉴턴의 겸손은 여기에서 끝나지 않는다. 그는 위대한 발견을 했다고 치켜세우는 사람들에게 "내가 만약 무언가 가치 있는 것을 발견했다면, 그 비결은 어떤 재능보다 인내를 가지고 주위를 기울인 것뿐"이라며 겸손을 아끼지 않았다. 이 말 속에도 역시 과학자의 마음가짐에 대한 교훈이 녹아 있다.

이런 겸손에도 불구하고 뉴턴과 동시대에 살았던 인물들은 뉴턴을 '신에 가장 근접한 인간'이라며 칭송했다. 이처럼 절대자와 동등한 존경을 한 몸에 받은 위대한 과학자의 삶이 어땠을까? 타임머신을 타고 그가 살았던 17세기로 거슬러 올라가 보자.

인류의 역사를 바꾼 3개의 사과

'인류의 역사를 바꾼 3개의 사과'가 있다. 에덴동산에서 뱀의 유혹에 넘어간 아담과 이브가 따 먹은 금단의 선악과 열매, 그것이 바로 첫 번째 사과다. 그리고 두 번째 사과는 빌헬름 텔이 아들의 머리 위에 올려놓고 화살로 쏘아 맞춘 사과다.

사과로 인해 아담과 이브는 낙원으로 쫓겨나 원죄의 굴레 속에 살게 되었다. 빌헬름 텔의 사과는 당시 약소국인 스위스의 독립운동에 도화선 역할을 하여 이후 전 인류에게 자유와 혁명이라는 커다란 선물을 안겨다 주었다.

세 번째 사과가 바로 뉴턴의 사과다. 물리학자이자 천문학자 그리고 수학자로서 영국이 배출한 최고의 과학자로 인정받는 뉴턴, 그는 고향집 과수원에 있는 사과나무에서 떨어지는 사과를 보고 영감을 얻어 유명한 만유인력을 발견했다.

무의미한 '진실 혹은 거짓' 논쟁

그저 지어낸 에피소드인지 아니면 실제로 있었던 일인지 하는 문제를 가지고 논쟁을 벌이는 것은 쓸데없는 일이다. 위대한 업적을 남긴 사람들은 항상 일화와 전설을 달고 다닌다. 실제로 일어난 일이 전설 속 이야기가 되기도 하고, 한낱 전설이 실화가 되기도 하기 때문이다.

어쨌든 사과나무 밑에서 잠시 눈을 붙이던 뉴턴의 머리에 사과가 떨어졌고, (좀 과장해서) 그 찰나에 우주 진리에 대한 커다란 깨달음을 얻었든 아니든 그 사과가 인류 역사를 바꾼 위대한 사과라는 데에는 이견(異見)이 없을 것이다.

고전물리학으로 불리는 뉴턴역학은 이후 아인슈타인의 상대성이론 그리고 20세기의 '거대과학'인 양자역학이 탄생하면서 원래의 굳건한 자리를 빼앗기고 말았다. 그러나 그의 기본 이론은 그때나 지금이나, 땅에서나 하늘에서나 여전히 힘을 발휘하고 있다.

뉴턴의 통찰력은 처음 세상에 선을 보인 때부터 대단히 인상적이었다. 물론 후세 사람들이 그런 이유로 그의 직감과 통찰력을 사과 이야기로 포장한 것인지는 알 수 없다. 다만 여러 자료들을 종합해 본다면 사과가 나무에서 떨어지는 것을 보고 영감을 얻었다는 주장을 단순히 일화나 전설로 치부하기에는 무리가 있으며 어느 정도 사실임을 알 수 있다.

뉴턴의 코앞에서 사과가 떨어졌을 때 마침 하늘에는 달이 떠 있었다고 한다. 이것을 본 이 사색가는 과일이나 우리 인간은 모두 공중에서 땅으로 떨어지는데 저 달은 어떻게 창공에 머물 수 있는지 의문을 품게 되었다.

다시 말해서 '사과가 나무에서 떨어지면 하늘로 날아갈 수도 있고 그래서 한없이 날아가 헤매다가 어느 행성에 떨어질 수도 있는데 왜 하필 다시 지구로 떨어지는가?' 하는 질문과 마주치게 된 것이다. 그렇다면 땅(지구)에게는 그 사과를 잡아당기는 힘이 있어야 하지 않을까? 이 사색가는 거기에서 커다란 깨달음을 얻었다.

뉴턴의 사색에는 두 가지 근원적인 통찰이 포함되어 있다. 하나는 질량을 지닌 물체는 모두 그 내부에 힘이 존재한다는 것이다. 땅은 그 질량을 통해서 사과를 자기 쪽으로 끌어당긴다. 물론 사과도 자기 질량만큼 땅을 자기 쪽으로 끌어당기지만 우리가 그것을 느끼지 못할 뿐이다.

이 힘을 바로 중력이라고 한다. 뉴턴의 아이디어는 우리들이 지구라 불리는 구형 위에서도 우주의 깊은 연못으로 떨어지지 않고 살아갈 수 있는 까닭을 설명해 준다. 일상에서도 마찬가지다. 소파에서 일어서거나 높이뛰기를 할 때 이런 중력을 느낄 수 있다. 그런데 높이뛰기를 할 때 우리가 느끼는 힘은 단지 질량에서만 나오는 것이 아니라 운동을 통해서도 발생한다. 이것이 뉴턴의 두 번째 통찰이다.

달이 바닥으로 떨어지지 않는 이유는 바로 운동에 있었다. 즉 달의 회전운동이다. 운동을 통해서 달은 지구 주변을 회전하는데 그 회전을 통해 지구의 중력에 저항하는 힘(원심력)을 얻는다. 그 결과 달은 일정한 궤도에 따라 지구의 주위를 돌면서 균형과 안정성을 가진다. 그런데 왜 사과일까? 숱하게 많은 과일들 가운데 왜 하필이면 사과가 뉴턴이 만유인력을 발견하는 데 영감을 준 것일까? 이러한 질문에 답하기 위해서는 뉴턴의 젊은 시절의 삶에 대해 짚어 볼 필요가 있다. 그러면 사과에 얽힌 이야기가 단순한 일화나 전설이 아니라는 것도 알 수 있을 것이다.

동쪽의 별 갈릴레이가 지고 서쪽의 별 뉴턴이 뜨다

뉴턴은 1642년 잉글랜드 동부 링컨셔의 울즈소프라는 작은 마을에서 태어났다. 바로 그해에 이탈리아에서는 갈릴레이가 세상을 떠났다. 과학계의 거대한 별이 지고 서쪽에서 그에 버금가는 거대한

영국 울즈소프에 위치한 뉴턴의 고향 집.

별이 떠올랐으니 1642년은 과학사에 큰 의미를 지니는 해다.

유복자였던 그는 어머니의 재혼으로 할아버지, 할머니와 함께 살았다. 평소 소심했던 그는 친구들로부터 '울보, 겁쟁이'라고 자주 놀림을 받았다. 그런 탓인지 몰라도 학교에 입학하고 나서는 공부도 싫어했다. 그러나 하늘에 대한 관심은 많았다.

평소 점성술에 호기심을 갖고 있던 뉴턴은 1661년 케임브리지 대학 트리니티 칼리지에 입학해 데카르트의 수학, 케플러와 갈릴레이의 논문을 탐독하며 수학과 물리학에 깊은 관심을 갖게 된다. 특히 케플러의 '행성운동법칙'에 깊은 관심을 가졌다.

그러나 1665년 영국 전역에 페스트가 창궐하여 대학이 일시적으로 문을 닫게 되었다. 뉴턴도 어쩔 수 없이 공부를 잠시 접고 고향으로 가야 했다. 흑사병인 페스트는 1347년 유럽에 나타난 이후 약 3년 동안 유럽을 공포의 도가니로 몰아넣으며 유럽 인구의 약 4분의 1인 3,000만 명 이상의 목숨을 앗아간 무서운 질병이었다.

1894년이 되어서야 프랑스의 세균학자 알렉산드르 예르생에 의해 병원체가 발견되었다. 뉴턴이 살았던 시대의 페스트는 유럽의 마지막 재앙이라고 불린 '런던 대역병'을 이야기한다.

한국표준과학연구원 뜰에 '뉴턴 사과나무'가 자란다

뉴턴은 고향 집에서 사색과 실험으로 시간을 보냈다. 당시 뉴턴의 나이는 고작 23세였지만 시골에서 보낸 2년(1665~1666) 동안 그의 위대한 업적 대부분이 싹텄다. 뉴턴의 사과 이야기가 탄생한 것도 이때의 일이다.

어쨌든 뉴턴의 사과 이야기는 널리 알려지게 되었고, 18세기 말 뉴턴의 고향 집에 있는 사과나무들 가운데 특별한 한 그루에 '사과가 떨어진 나무'라는 표지가 붙었다. 1820년경 그 나무는 완전히 죽어 버렸다. 그래서 그 나무로 의자를 만들었는데 그 의자는 아직도 보존되어 있다.

그 후 그 나무의 곁가지 하나가 과수연구소로 보내져 여러 번의 접목 끝에 새로운 사과나무가 만들어지고 세계로 널리 퍼졌다. 그 중 하나가 우리나라의 대덕연구단지 한국표준과학연구원(KRISS) 뜰에서도 자라고 있다. 뉴턴의 사과는 '켄트의 자랑'이라는 품종으로 뉴턴이 살던 당시에는 굽거나 삶아서 먹는 사과로 유명했다고 한다.

한국표준과학연구원 홍보실에 따르면 이 사과나무는 오리지널 뉴턴의 사과나무의 4대손으로 한국표준과학연구원의 상징물로 그 명맥을 이어가고 있다. 뉴턴의 사과나무는 놀랍게도 350년이 넘은 지금도 뉴턴의 고향 집에서 자라고 있다고 한다. 한국표준과학연구원은 국립중앙과학관, 과천국립과학관, 서울과학고등학교, 대전과학고등학교 등 11개 기관에 제4대손 사과나무를 기증하여 젊은 학생들이 뉴턴의 과학 정신을 배울 수 있도록 하였다.

수학자 가우스, "급조한 이야기일 뿐."

그러나 사과가 떨어지는 것을 보고 만유인력의 법칙을 구체화했다는 일화에 대해 이견도 당연히 많다. 특히 뉴턴의 장례식 때 송사(送辭, 죽은 이를 위한 인사말)를 읊으면서 당시의 철학자들과 뉴턴의 전기를 쓴 데이비드 블루스타가 이 이야기를 언급하지 않았다는 점은 이상하다. 유명한 수학자이자 물리학자인 가우스는 다음과 같이 말하고 있다.

"그 사과 이야기는 밑도 끝도 없다. 그러한 대발견이 사과 때문이라고 누가 말할 수 있을 것인가? 아마도 그 일은 다음과 같았을 것이다. 한 얼빠진 사나이가 뉴턴을 찾아와서 어떻게 큰 발견을 해냈느냐고 꼬치꼬치 캐물으며 치근덕거렸다. 뉴턴은 설명을 하다 보니 상대방이 얼마나 바보인지 깨달았다. 당장에 그 자리에서 달아나 피하고 싶었을 것이다. 그래서 뉴턴은 사과가 자기의 코앞에 떨어졌기 때문에 대발견을 하게 되었다고 말했을 것이다. 그러자 그 사나이는 만족스러운 대답이라고 생각하면서 돌아갔다."

가우스의 이야기는 단지 사과가 떨어지는 것만을 보고 인력을 발견했을 리가 없다는 뜻이다. 사실 만유인력의 법칙은 갈릴레이나 케플러 등 여러 과학자에 의해 선행되었던 역학 연구와 축적된 지식 덕분에 탄생할 수 있었다. 더불어 17세기 후반의 과학 풍토에서도 비롯됐다고 할 수 있다.

기록에 따르면 뉴턴은 당시 핼리 혜성의 발견자로 유명한 에드먼

드 핼리, 로버트 훅 등과 협력해 실험을 하거나 문제를 제기하고 편지, 팸플릿, 책 등을 통해 서로 토론하는 등 활발하게 협력 활동을 펼쳤다.

거인들의 어깨에 서서 더 멀리 보다

모든 획기적인 발견과 발명이 그렇듯 완전한 무(無)에서 유(有)가 창조된 경우는 결코 없다. 그래서 뉴턴은 앞서간 과학자들이 남긴 고귀한 지식들을 바탕으로 만유인력을 비롯해 많은 과학적인 업적을 이루게 됐다고 인정하면서 다음과 같은 말을 남겼다.

"내가 만약 다른 사람들보다 더 멀리 보았다면 그것은 내가 거인들의 어깨 위에 올라섰기 때문이다."

이 말은 자신을 도와준 로버트 훅에게 보낸 편지 내용 가운데 일부다. 거인들은 당연히 그에게 영감과 도움을 준 유클리드, 아리스토텔레스, 케플러와 같은 선배 과학자들을 지칭하는 말이다.

우주의 원리를 터득했는데 주식은 왜 안 되지?

뉴턴의 일화 가운데 한 가지만 더 소개하겠다. 그는 만유인력을 비롯한 운동법칙을 발견한 이후 "이제 물리학은 다 끝났다. 더 이상

연구할 것이 없다. 더 이상 물리 연구에 시간을 쏟을 필요가 없다."고 생각했다.

그래서 돈을 발행하는 조폐국(조폐 공사) 국장을 지냈으며 국회의원이 되어 의회에 발을 들여놓기도 했다. 공직에서 물러난 이후에는 주식에 손을 댔다. 그러나 뜻대로 되지 않아 손해를 많이 보았다. 말년에 주식 투자로 상당한 재산을 잃었다고 한다. 심지어 가산을 완전히 탕진했다는 이야기도 있다.

그럴 때마다 뉴턴은 중얼거리듯 이런 말을 내뱉었을 것이다.

"난 원래 우주의 원리와 삼라만상의 법칙을 터득한 사람이야. 그런데 주식을 언제 사고팔아야 하는지, 그 투자의 비결은 도대체 모르겠단 말이야, 참!"

인류 역사상 최고의 천재 중 한 명이었던 뉴턴에게도 주식 투자의 이치를 깨닫는 일은 어려웠던가 보다.

진실은 깊은 숙고와 경험을 통해 발견하는 법

갈릴레이와 진자의 법칙

> 내가 갈릴레이의 업적에서 발견한 테마가 있습니다. 그것은 권위에 근거한 어떤 종류의 도그마에도 대항하는 열정적인 투쟁입니다. 그분은 오직 경험과 주의 깊은 숙고만을 진실의 기준으로 받아들였습니다.
>
> – 영어판 『천문 대화』에 수록된 아인슈타인의 서문 중

하나의 나뭇잎에서 가을이 왔다는 것을 깨닫는다

'일엽지추(一葉知秋)'라는 고사성어가 있다. 나뭇잎 하나가 떨어짐을 보고 가을이 옴을 안다는 뜻으로 한 가지 일을 보고 장차 오게 될 일을 미리 짐작한다는 뜻이다. 또 하찮은 조짐을 보고서도 앞으로 일어날 일을 미리 안다는 의미로 쓰이기도 한다. 이 고사성어는

아래의 구절에서 유래된 말이다.

> 山僧不解數甲子 一葉知秋
>
> 산속에 사는 중은 갑자을축(甲子乙丑, 육십갑자의 첫째와 둘째)을 풀어 인간의 운명이나 세상의 변화를 읽지는 못하지만, 나뭇잎 하나가 지는 것을 보고 곧 가을이 될 것은 안다.

중국 한나라 시대의 고전인 『회남자(淮南子)』에 "以小明大見 一葉落 而知歲之將暮 睹瓶中之氷 而天下之寒(작은 것으로 큰 것을 밝혀내고, 한 잎이 지는 것을 보고 한 해가 저물어 감을 안다. 병 속의 얼음을 보고서 세상이 추워졌음을 알 수 있다.)"는 시가 실려 있다.

세상 변화의 흐름을 안다는 것은 어려운 일이다. 그러나 조그맣고 하찮은 일이라도 눈여겨본다면 사물의 이치를 알 수 있는 능력이 생긴다. 통찰력과 영감도 얻을 수 있다. 모두가 보는 것 가운데서 남들이 생각할 수 없는 것을 생각해 내는 것이 바로 유레카의 순간이 아닐까?

갈릴레오 갈릴레이.

하잘것없이 조그마한 것에서 커다란 것을 밝혀내 과학기술의 발전에 신기원을 이룩하고 인류의 문명에 이바지한 사례는 너무나 많다. 어쩌면 모든 위대한 과학과 기술이 그렇게 탄생했을 것이다. 시작은 미미했지만 결과는 장대하다는 말이다.

이탈리아가 낳은 세계적인 과학자로 지동설을 주장해 땅의 혁명을 일으킨 갈릴레오 갈릴레이(Galileo Galilei, 1564~1642)도 예외는 아니다. 아인슈타인의 지적처럼 그는 종교적인 도그마에 대항한 과학자 그리고 당시 누구보다 넓은 경험과 깊은 사고 속에서 커다란 업적을 일구어 낸 선구자였다.

지루한 예배 시간에 나온 번뜩이는 아이디어

시계가 세상에 나온 것은 약 700년 전의 일이다. 하지만 당시의 시계는 잘 맞지 않았다. 분을 잴 수 있는 분침이 없었기 때문이다. 대부분의 시계는 시간을 알려 주는 시침 하나만 갖고 있었다.

분침이 등장한 것은 17세기의 일이다. 뉴턴, 다윈과 더불어 근대 과학혁명을 일으킨 갈릴레이가 성당에서 지루한 예배 시간에 번뜩이는 아이디어를 체득하고 나서다. 당시 그는 이탈리아의 피사 대학에서 의학 공부를 하고 있었다.

어느 날 피사의 두오모 성당에 들어선 갈릴레이는 천장에서 길게 늘어져 흔들리는 샹들리에를 보았다. 그는 손목의 맥박을 재면서 샹들리에의 흔들림을 유심히 관찰하다가 "그렇다! 틀림없어!"라고 소리쳤다. 18세의 갈릴레이가 진자(pendulum)의 등시성을 발견한 순간이다.

진자란 일반적으로 중력의 영향하에서 자유롭게 흔들릴 수 있도록 한 점에 고정된 상태로 매달려 있는 물체를 의미한다. 중력이나 탄성력 등의 힘에 의해 평형점을 중심으로 진동운동을 반복한다. 실에 단 추를 떠올리면 된다.

샹들리에의 흔들리는 폭은 점점 줄어들었으나 흔들림이 크건 작건 한 번 왕복하는 데 걸리는 시간은 동일했다. 당시만 해도 사람들은 흔들거리는 물체의 폭이 좁을수록 시간이 적게 소요될 것이라고 믿었다. 그러나 청년 갈릴레이는 진자가 진동하는 주기가 진폭과는 관계없이 일정하다는 사실을 발견했다.

갈릴레이는 물체가 흔들리는 것을 이전에도 수백 번은 더 봤을 것이다. 더구나 성당에서 샹들리에가 흔들리는 것은 적어도 일주일에 한 번 이상 목격했을 것이다. 그러나 이곳 두오모 성당에서 비로소 진자의 법칙을 생각해 낸 것은 의학과 1학년 때였다.

찰나의 깨달음은 오랜 경험과 숙고의 결과물

그러면 왜 그전까지는 진자의 법칙을 떠올리지 못했을까? 관찰력이 모자라서? 그런 위대한 생각을 하기에는 나이가 어려서? 위대한 발견의 순간, 다시 말해서 유레카라는 찰나의 깨달음은 한순간에 온다.

그러나 그 찰나의 시간은 오래 축적된 경험과 깊은 의문 속의 숙고들이 모여 탄생하는 것이다. 시인 미당 서정주의 시 「국화 옆에서」에 나오는 구절처럼 한 송이 아름다운 국화꽃이 탄생하기 위해서는 피를 토하는 듯한 소쩍새의 한스러운 울음 그리고 천둥과 먹구름의 시간이 있어야 한다.

갈릴레이가 성당에서 진자의 원리를 발견하게 된 일화는 여러 가지가 있다. 그중 하나가 성당의 남자 수도승이 천장에 달린 샹들리에 촛불을 붙인 후 놓았을 때 흔들리는 것을 보았다는 것이다.

그러나 대부분의 피사 사람들은 갈릴레이가 본 것이 흔들리는 향로라고 믿는다. 좀 더 세부적인 내용을 들여다보자. 남자 수도승은 향의 연기를 퍼뜨리기 위해 향로를 흔들고 있었다. 갈릴레이는 자신의 맥박을 이용해 향로가 흔들리는 주기를 측정했다.

놀랍게도 향로가 크게 흔들리던 작게 흔들리던 한 번 흔들리는 데 걸리는 시간은 항상 같았다. 그 후 갈릴레이는 추의 무게와 줄의 길이를 바꿔 가면서 진자 실험을 했다. 결국 추의 무게는 진자의 주기에 아무런 영향을 주지 않으며 줄의 길이는 영향을 준다는 것을 발견했다.

지적처럼 갈릴레이가 성당에 매달려 있는 램프의 흔들림 속에서 진자의 법칙을 발견했는지, 아니면 남자 수도승이 흔드는 향로에서 아이디어를 얻었는지 확실하지 않다. 그러나 진자의 법칙을 처음으로 발견한 과학자가 바로 갈릴레이라는 사실에 대해서는 이견이 없다.

성당 샹들리에보다 향로가 더 설득력이 있다

사실 성당 샹들리에를 통해 아이디어를 얻었다는 일화는 신빙성이 떨어진다. 기록에 따르면 갈릴레이가 1582년에 보았다는 두오모 성당의 샹들리에는 1587년에 설치되었기 때문이다. 아마 이 일화는 사람들이 종교적 의례로 시간을 낭비하고 있을 때 갈릴레이는 그들과 다르게 과학적 진리를 추구하는 데 전념했다는 점을 부각시키기 위한 것으로 보인다.

일부 과학사가들은, 물론 갈릴레이가 여러 진자를 가지고 실험을 하긴 했지만 그것은 대학 시절이 아닌 노년에 있었던 일이라고 지적한다. 그는 노년에 진자의 법칙을 터득한 후 시계 제조 사업을 구상하기도 했다.

두오모 성당 뒤편으로 피사의 사탑의 기울어진 모습이 보인다.

갈릴레이는 의사들에게 환자의 맥박을 잴 때 특별한 표시를 한 진자를 사용하도록 권했다. 질병이 있으면 대부분 맥박이 빨라지기 때문에 환자의 맥박을 정기적으로 체크하는 것은 의사들의 기본 임무였다. 갈릴레이가 만든 맥박계라는 이름의 장치는 맥박을 정확하게 측정하는 데 도움을 주었다.

진자의 주기가 일정하다는 사실을 이용해 시계를 만들려고 계획한 것은 갈릴레이가 77세 되던 해였다. 그러나 당시의 그는 완전히 시력을 잃은 상태였다. 갈릴레이는 흔들리는 진자가 시계의 톱니바퀴를 잡거나 놓게 만들어 일정한 속도로 돌게 할 수 있을 거라고 생각했다.

결국 완성하지 못한 진자시계

갈릴레이의 계획을 이어받아 그의 아들이 진자시계를 만들려고 시도했다. 아들은 시력을 완전히 잃은 갈릴레이의 설명에 따라 추시계의 도안을 그렸다. 그러나 갈릴레이는 그 시계가 완성되는 것을 보지 못하고 생을 마쳤다. 갈릴레이가 죽은 후 그의 아들이 시계를 완성했지만 작동하지 않았다.

제대로 작동하는 진자시계를 세계 최초로 만든 사람은 네덜란드의 과학자 크리스티안 하위헌스(Christiaan Huygens, 1629~1695)로 1656년의 일이다. 시계 발명에 대한 업적은 갈릴레이에게 주어지기도 하고 하위헌스에게 주어지기도 한다.

크리스티안 하위헌스.

하지만 매달린 물체, 즉 시계추가 원의 일부가 아닌 사이클로이드(cycloid, 일직선 위를 굴러가는 한 원의 원둘레에서 그 위의 한 점이 그리는 자취)를 따라서 운동하게 하는 회전축을 고안하고, 이를 바탕으로 진자의 주기를 일정하게 만드는 과제를 해결한 사람은 하위헌스다. 갈릴레이가 발견한 원리에 근거한 진자시계는 거의 3세기 동안 사람들에게 시간을 알려 주었다. 1929년 전자시계가 발명되기 전까지는 거의 모든 시계 안에서 진자가 흔들리고 있었다. 갈릴레오가 성당에서 목격한 바로 그 향로의 흔들림처럼 말이다.

"All truths are easy to understand once they are discovered; the point is to discover them.(일단 발견되면 모든 진리란 이해하기 쉽다. 중요한 것은 그 진리들을 발견하는 일이다.)"

이 말은 갈릴레이가 오늘날의 과학자들에게 주는 귀중한 충고일지 모른다.

평범한 새에게서 영감 얻은 '땅의 혁명'

찰스 다윈과 진화론

우표 수집가와 과학자는 같은 점이 있다. 목적은 다르지만 많은 자료를 수집한다는 점이다. 그러나 다른 점도 있다.
우표 수집가는 자료를 모으는 것으로 끝나지만 과학자는 그 자료를 종합하고 분석해서 하나의 이론을 도출해 낸다. 자료는 껍데기에 불과하다. 다윈(Charles Robert Darwin, 1809~1882)은 결코 우표 수집가가 아니었다.

생물학 이론에서 사회 변화 이론으로

2004년 세계적인 컴퓨터 메이커 회사 휴렛패커드(HP)의 피오리나(Carly Fiorina) 회장이 국내 한 경제 신문사의 초청으로 서울을 방문했다. 그의 인기는 대단했다. 콕콕 찌르는 웅변술 그리고 예상치 못한 혁신 정책 등의 주제에서 그녀를 따라올 사람이 없을 정도였다. 더구나 그녀 미소는 마치 여우와 사자가 웃는 모습을 합쳐 놓은 것 같다고 해서 '100만 달러의 미소'로 불리기도 했다. 이 여성 경영인에게 전담 기자가 붙을 정도로 그녀의 일거수일투족은 언론의 주목을 받았다.

당시 피오리나 회장은 특별 강연을 통해 혁신의 중요성을 지적하면서 다윈의 진화론을 인용했다.

"살아남는 종은 힘세고 똑똑한 종이 아니다. 현실에 타협하는 종이다. 기업도 마찬가지다. 기업이 살아남기 위해서는 다윈의 적자생존의 철학을 공부해야 한다. 타협과 생존의 철학을 그에게 배워야 한다. 혁신은 적응이다."

이제 진화론은 생물체가 알맞은 형태로 적응, 변화하는 형질 변경의 과정에만 국한된 이론이 아니다. 진부한 '창조와 진화'라는 종교와 과학의 결투 대상도 아니다. 거스를 수 없는 도도한 흐름이자 자연의 법칙이다. 사회의 변화와 발전의 이치를 설명하는 이론이며 하나의 문화다.

그러면 '땅의 거대한 혁명'을 일으킨 진화론은 어떻게 탄생했을까? 다윈은 과연 어디에서 반짝이는 영감을 얻었을까? 그는 이론을 뒷받침할 수 있는 결정적인 단서를 어디에서 얻었을까?

진화론은 새롭게 등장한 이론이 아니다. '다윈의 진화론'이 새로운 이론이다. 이미 기원전 6세기 무렵 고대 그리스의 철학자 아낙시만드로스는 모든 생물이 최초의 공통 조상에서 출발하여 종분화

(speciation)를 거쳐 서로 다른 생물이 되었다는 진화의 개념을 제기했다.

핀치 새들의 부리 모양이 서로 다르다!

1835년 해양 제국 영국의 항해 조사선 비글호에 탑승하게 된 것은 다윈에게 커다란 행운이었다. 아니, 인류의 과학 발전에 커다란 획을 긋는 순간이었다. 다윈은 약 한 달 동안 남미 에콰도르의 갈라파고스 군도에 머물면서 탐험했다.

다윈이 방문하여 유명해진 갈라파고스 군도에는 평소 사람들의 관심과는 거리가 먼 핀치(finch)라는 이름의, 서로 다른 13종의 새들이 살고 있었다. 이 핀치 새들은 지역에 따라 다양한 크기와 모양의 부리를 갖고 있었다.

바로 이 평범하게 보이는 핀치 새가 다윈에게 진화론의 영감을 준 주인공이다. 그는 그 부리들이 모두 음식물 섭취와 생활 형태에 적합하도록 맞추어져 있다는 것을 깨달았다. 땅속 깊숙이 박혀 있는 씨앗을 먹는 핀치의 부리는 길고 뾰족한 반면,

찰스 다윈

핀치 새들의 부리 모양을 비교한 그림.

단단한 땅과 큰 씨앗이 많은 지역에 사는 핀치는 뭉뚝한 부리를 갖고 있었다.

진화론의 영감이 다윈의 머릿속을 번개처럼 스쳐갔다.

"하나의 종이었던 핀치가 여러 종으로 분화하게 된 것은 자연환경에 적응하면서 유전형질이 변경됐고 이것이 자손에게 이어진 것이다!"

다윈은 그것들이 모두 한 쌍의 핀치 새에게서 번식된 자손들이고, 자연선택으로 인해 서로 다르게 분화되었다는 믿음을 갖게 되었다.

후대 학자들은 다윈이 이를 바탕으로 진화론의 결정적 단초를 확보한 것으로 분석하고 있다. 다윈은 이후 23년 동안 여행을 통해 수집한 수많은 각종 자료와 여러 실험을 통해 진화에 대한 근거를 완성했고 결국 『종의 기원』을 출판할 수 있었다. 『종의 기원』은 문명이 시작된 이래 인류에게 가장 큰 영향을 끼친 책으로 꼽힌다.

자연선택이론은 전례가 없는 독창적인 주장

그는 이 책에서 특정한 종(種)이 초기의 단순한 상태로부터 다양한 변종으로 발전해 가는 과정을 '자연선택'이라는 이론을 통해 설명했다. 변이는 그것이 아무리 하찮고 또 어떠한 이유에서 일어났든, 개체들 간에 혹은 외부 환경과의 상호작용 과정에서 생존에 이득이 될 경우 보존되는 경향이 있고 그러한 변이는 자손에게도 물려진다고 밝혔다.

자연선택이론은 다윈 이전의 진화론에서는 전례가 없던 독창적인 이론으로 현재까지도 진화론을 뒷받침하는 가장 좋은 가설로 인정받는다. 그는 『종의 기원』에서 자연선택을 다음과 같이 간단하게 정의했다.

"다음 세대의 번식 개체군에서 선호된(유리한) 유전형질의 개체는 그 수가 점점 많아지고, 선호되지 않는(불리한) 유전형질의 개체는 그 수가 점점 줄어드는 진화의 과정이다. 나는 이러한 원리를 인간의 선택과의 관계를 나타내는 뜻에서 '자연선택'이라고 부를 것이다."

이처럼 다윈은 부모가 갖고 있는 형질이 후대로 내려올 때 자연 선택을 통해 주위 환경에 보다 잘 적응하는 형질이 선택됨으로써 진화가 일어난다고 주장했다. 그러나 이때 주위 환경의 자원은 한정돼 있기 때문에 생물체는 같은 종이나 다른 종의 개체와 경쟁을 해서 살아남아야 한다. 이 경쟁이 바로 다윈이 즐겨 사용했던 '생존 경쟁'이라는 개념이다.

창조론적 세계관에서 진보적 세계관으로

다윈의 진화론이 나오고 나서 서양 사회는 커다란 지적 충격에 빠져들었다. 기존의 창조론적 세계관이 무너지고, 역사와 사회는 일정한 조건이 갖추어지면 발전한다는 진보적 세계관이 사회를 뒤덮었다. 19세기에 들어서는 이 세계관이 서양 사회를 아우르는 지배적인 사상으로 변했다.

자본주의 생산 양식은 필연적으로 멸망하고 사회주의로 발전할 것이라는 유물론적 경제사관을 제시한 마르크스를 비롯해 역사의 진보성을 얘기한 랑케, 소설 『멋진 신세계』에서 유토피아 사상을 전파한 토머스 헉슬리 등 19세기의 지성들은 모두 다윈의 사상을 받아들였다.

한편 다윈은 이후 비둘기 교배 실험을 통해 핀치와 마찬가지로 볏과 부리를 다양하게 만들 수 있음을 확인했다. 그러나 그는 『종의 기원』에 "왜 이런 일이 일어나는지는 알 수 없다."고 적었다. 무엇이 핀치의 부리 모양을 바꾸게 만드는지 그 이유를 모르겠다는 것이었다. 당시에는 유전자라는 개념이 없었기 때문이다.

핀치의 특정 유전자 비밀이 풀리다

다윈이 밝히지 못했던 그 수수께끼가 그의 탄생 206주년이었던 2015년 2월 12일에 밝혀졌다. 핀치의 부리 모양에 영향을 미치는 유전자는 물론이고 새들 간 짝짓기가 어떻게 부리 모양의 변화에 영향을 미치는지도 밝혀진 것이다.

스웨덴 웁살라 대학의 레이프 안데르손 교수가 이끄는 연구 팀은 이른바 '다윈의 새'로 불리는 핀치의 유전자를 분석한 결과 핀치가 한 조상에서 나왔으며 부리 모양을 결정짓는 특정 유전자가 있다는 사실도 알아냈다.

연구 팀은 핀치 새 13종, 총 120마리의 유전자를 분석해 'ALX1'이라는 유전자의 염기 서열의 배치 순서가 부리 모양을 결정한다는 사실을 알아냈다. 또 연구 팀은 핀치 새가 약 90만 년 전부터 부리의 모양이 달라지고 여러 종류로 진화하기 시작했다는 점도 알아냈다.

연구 논문을 실은 과학 전문 잡지 〈네이처〉는 서로 다른 먹이에 맞게 서로 달리 진화한 핀치들이 육지와는 고립된 다른 섬의 핀치 새들과의 짝짓기를 한 덕분에, 좁은 섬에서도 여러 종류로 진화할 수 있었다고 분석했다.

다만 원숭이와 인간의 조상이 같을 뿐이다

다윈은 창조론의 기독교가 촉각을 곤두세우면서 불편하게 여긴 '원숭이가 인간의 조상'이라는 내용에 대해 직접 언급한 바가 없다. 물론 언급으로 인한 파장을 예상하고 의도적으로 피했는지는 알 수

다윈이 살던 당시 한 잡지에 실린 풍자만화.

없다. 다만 우회적으로 '이 책으로 인해 인간의 기원과 역사에 빛이 비쳐질 것'이라는 의미심장한 말을 남겼다.

다윈은 『종의 기원』을 출간한 지 10여 년이 지난 1871년 『인간의 유래(인간의 유래와 성 선택, The Descent of Man, and Selection in Relation to Sex)』를 내놓았다. 사실 다윈이 인간의 기원과 생물학적 역사에 초점을 맞춘 저작은 『인간의 유래』다. 그는 여기에서 이런 말을 남겼다.

"나는 무리 지도자의 목숨을 구하려고 무서운 적에게 당당히 맞섰던 영웅적인 작은 원숭이나, 산에서 내려와 사나운 개에게서 자신의 어린 동료를 구하고 의기양양하게 사라진 늙은 개코원숭이로부터 내가 유래됐기를 바란다."

다윈의 열렬한 추종자이자 『이기적인 유전자』의 저자인 리처드 도킨스는 다음과 같은 말로 그를 변호했다.

"원숭이가 인간의 조상이라는 말이 아니다. 인간과 원숭이는 같은 조상에서 분화했다는 말이다."

모든 생물체는 진화하고 있다. 진화론 역시 진화하고 있다. 다윈이 평범한 핀치 새에게서 얻은 영감의 진화론은 생물학적 이론을 넘어 사회의 변화를 설명하는 이론으로까지 진화하고 있다. 움직이는 모든 것은 상존하지 않는다는 제행무상(諸行無常, 우주의 모든 것이 하나의 모습으로 고정되지 않고 늘 변화한다는 뜻)이 바로 진화론의 요체라고 생각해 본다.

나는 나의 죽음을 보았다!

빌헬름 뢴트겐과 X선의 발견

"나는 예언자가 아니다. 나는 예언을 반대하는 사람이다. 나는 연구를 위해 계속 노력할 뿐이며, 그 결과가 확인되면 가능한 빨리 공개할 뿐이다. 우리는 보고자 한다면 보게 될 것이다. 우리는 현재 시작을 했을 뿐이다. 계속 발전해 나갈 것이다."

–빌헬름 뢴트겐(Wilhelm Conrad Röntgen, 1845~1923)

모든 사람이 자유롭게 이용하도록 특허 신청 포기

뢴트겐은 자신이 X선을 개발한 것이 아니라 원래 있던 것을 발견한 것이므로 인류의 소유라고 했다. 그 자신은 이 발견으로부터 어떠한 특허나 이익도 얻지 않았다. 그래서 누구나 자유롭게 연구할 수 있었다. 그 결과 20명이 넘는 사람들이 X선 관련 연구로 노벨상을 받았다. 그는 야단스럽지도, 나태하지도 않았으며 그저 주어진 길을 묵묵히 걸어간 과학자였을 뿐이다.

빌헬름 뢴트겐.

1895년 독일의 물리학자 빌헬름 뢴트겐은 여러 종류의 진공관에 전하가 방전되는 현상을 실험하고 있었다. 진공관이란 양 끝에 두 전극을 연결한, 진공으로 된 유리관이다. 이때 두 전극은 각각 건전지의 양극과 음극에 연결되어 있다.

1864년 맥스웰에 의해 전자기이론이 정립되면서 전자기파의 물리적인 현상에 대한 연구가 많은 학자들의 관심을 끌었다. 특히 진공관에서의 방전 현상에 대한 연구가 다양하고 활발하게 이루어지고 있었다.

즉, 양 끝의 전극에 전압을 가하면 두 전극 사이에 보이지 않는 현상이 일어나 전기가 흐르게 된다는 걸 발견한 것이다. 이것은 훗날 각종 전자 기기는 물론 텔레비전과 라디오, 오디오에 이르기까지 광범위하게 사용되는 기본적인 전자소자의 시작이었다. 이것은 전압의 조건에 따라 흐르는 전기의 양을 인위적으로 조절할 수 있다는 커다란 장점을 가진 장치였다.

이 진공관은 조건에 따라 전기가 흐르게 할 수도 있고 흐르지 않게 할 수도 있는 제어가 가능하다. 그런 의미에서 이 진공관은 훗날 반도체소자로 대체되기 전까지 전기회로의 중요한 부품으로 널리 사용되었다.

뢴트겐이 사용한 진공관은 전자기파의 실험적 증명에 성공한 하인리히 루돌프 헤르츠(Heinrich Rodolph Hertz), 교류 전력 발전에 결정적인 기여를 한 니콜라 테슬라(Nikola Tesla)가 사용했던 장치였다. 그는 전하가 방전될 때 외부로 어떤 작용을 하는지에 대하여 실험을 진행하던 중이었다.

1895년 11월경 그는 이 진공관으로 방전 실험을 반복했다. 그 진공관은 음극으로부터 발생한 음극선을 외부로 내보내기 위해서 얇은 알루미늄 창이 덧대져 있었다. 그리고 음극선을 발생시키는 데 필요한 강한 전기장으로부터 알루미늄이 손상되는 것을 막기 위해 마분지 덮개가 덧붙여져 있었다.

뢴트겐은 빛이 마분지 덮개에 가려지기 때문에 밖에서는 보이지 않는다는 것을 알고 있었다. 그러나 알루미늄 창 가까이 놓인, 바륨(barium)을 칠한 마분지 조각에 보이지 않는 음극선이 일종의 형광작용을 일으킨 것을 관찰할 수 있었다. 동시에 그는 훨씬 두꺼운 유리벽을 가진 다른 진공관에서도 형광효과가 나타나는 것을 관찰할 수 있었다.

아내의 손가락뼈를 찍다

1895년 11월 8일 늦은 오후, 뢴트겐은 자신의 아이디어를 실험해 보기로 했다. 바륨 플라티노시아나이드(barium platinocyanide)를 발라 둔 스크린을 설치하고, 마분지 막의 불투명도를 확인하기 위해 방을 어둡게 하였다.

그는 당초 의도했던 진공관의 방전을 지켜보는 동안 마분지가 충분히 빛을 막았다고 생각했다. 그래서 다른 실험을 하기 위해 돌아섰다.

그 순간, 뢴트겐은 진공관에서 1m쯤 떨어진 벤치에서 희미한 발광이 나타나는 것을 알아차렸다. 당연히 그는 여러 번 방전을 통해 매번 동일한 발광이 일어나는 것을 확인했다. 그 빛은 나중에 쓰려고 준비해 둔 바륨 스크린에서 나온 것임을 알아차렸다. 그는 직감적으로 그것이 새로운 종류의 광선일 것이라고 추측했다. 11월 8일은 금요일이었고 그는 주말 동안 실험을 반복하여 논문을 작성할 수 있었다.

그는 알 수 없는 미지의 광선이라는 의미에서 'X선'이라고 이름을 붙였다. 그리고 이 새로운 광선의 특징을 더 연구하고자 하였다. 그러던 와중에 혹시 사람의 손을 찍으면 어떤 결과가 나오게 될지 궁금해졌다. 뢴트겐은 2주쯤 후에 아내의 손을 X선으로 찍어 보았다. 사진을 인화했더니 거기에는 놀랍게도 커다란 반지가 손가락에 걸려 있는 앙상한 뼈의 모습이 나타나 있었다. 그 사진을 본 그의 아내는 두려움에 떨며 "나는 나의 죽음을 보았다!"고 외치고 말았다. 그의 아내가 놀랄 만도 한 것이, 당시에는 투시된 인체의 내부 모습을 상상도 할 수 없었기 때문이다.

뢴트겐은 이 충격적이고 흥미로운 광선에 대하여 곧 지속적인 연구에 돌입했다. 광선을 차폐할 수 있는 여러 가지 물질들도 조사하였고, 그 광선이 방전이 일어나는 곳에서 직접 나온다는 사실도 확

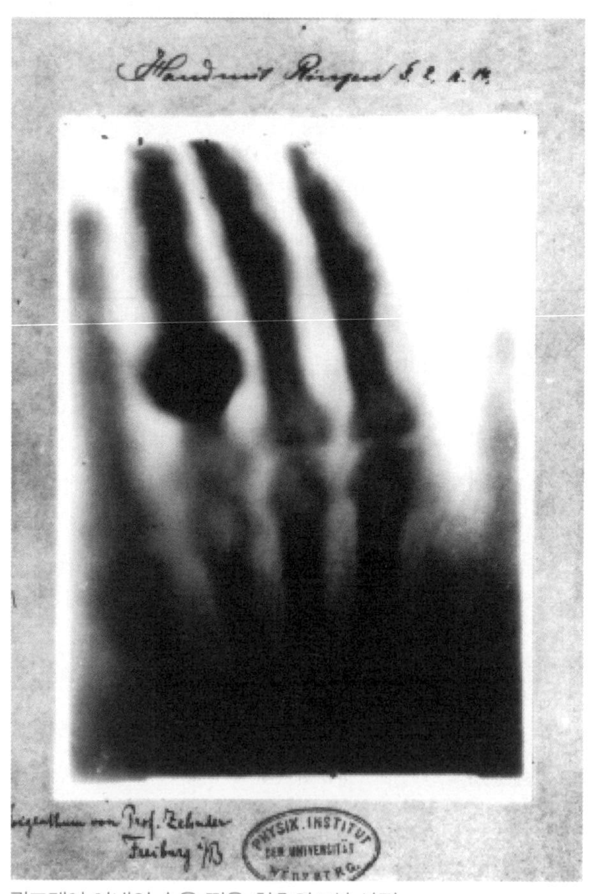

뢴트겐이 아내의 손을 찍은 최초의 X선 사진.

인하였다.

그는 잘못된 실험 결과를 바로잡기 위해 비밀리에 실험을 거듭했고 마침내 50일 후인 1895년 12월 28일에 논문 「새로운 종류의 광선에 대하여(On A New Kind Of Rays)」를 출판하였다. 그 이듬해 1월, 오스트리아의 신문 매체들은 새로운 방사선을 발견했다며 앞다투어 보도했다.

이후 뢴트겐은 1897년까지 X선에 대한 논문을 총 3편 썼고, 뷔르츠부르크 대학의 명예 의학박사 학위를 받았다. 이로써 뢴트겐은 진단방사선학(diagnostic radiology)의 아버지가 되었다. X선의 발견은 이후 마리 퀴리의 라듐 발견과 함께 '19세기 말의 2대 발견'으로 불린다.

마리 퀴리가 라듐을 발견하여 방사선의 상업적 이용을 가능하게 만들었다면 그 기초를 마련한 것은 바로 뢴트겐의 X선 발견이다. 이후 물리학 및 의학에 결정적인 기여를 하였고, 마침내 1901년 초대 노벨 물리학상을 수상하였다.

한편 이 새로운 광선은 사람들의 호기심을 불러일으키기에 충분했다. X선에 의해 사람의 내부를 찍어 의학에 이용한다는 생각은 누구라도 할 수 있었다. 1896년 골절 환자의 진료에 X선이 처음으로 사용된 것이다.

시간이 흐르면서 여러 가지 형광물질을 바른 투시 용구 제작도 시도되었다. X선을 진료가 아닌 치료용으로 활용하려는 시도도 있었다. 그러나 부작용으로 화상이나 암에 걸릴 수도 있다는 것을 알게 되었다.

DNA의 이중나선구조도 X선 회절에 의해 발견

또한 의료용으로 사용되었던 것과 별도로 과학에서는 X선을 결정체에 입사시킬 때 나타나는 회절, 간섭무늬 등을 이용해 물질 내부의 결정구조를 알아내는 수단으로도 사용되었다. 다윈의 진화론 이후 생물학계의 최대 혁명으로 일컬어지는 DNA의 이중나선구조 발견에도 X선에 의한 회절상이 이용되었다.

독일 북서부에 위치한 도시 렘샤이트에서 직물업자의 외아들로 태어난 뢴트겐은 1848년 네덜란드 아펠도른으로 이사해 위트레흐트 기술학교를 다녔다. 그러던 중 그의 친구 중 하나가 교사의 초상화를 희화화하여 그렸는데 뢴트겐은 누가 그린 것인지 자백을 거부했다가 퇴학을 당했다.

이 일로 네덜란드나 독일의 김나지움에 입학할 수 없게 된 그는 시험만 통과하면 들어갈 수 있는 취리히 연방기술전문학교에 가야 했다. 이후 그는 취리히 대학에서 공부했다.

뢴트겐은 1923년 2월 10일 악성 종양으로 사망했다. 하지만 그의 종양이 전리 방사선(ionizing radiation)을 이용한 연구 때문에 생긴 것으로 보는 사람은 많지 않다. 그 이유는 방사선 연구를 한 기간이 짧았을 뿐만 아니라 연구 중에는 항상 납 보호막을 사용했기 때문이다.

뢴트겐은 X선을 발명한 것이 아니라 이미 있었던 것을 발견했기 때문에 누구라도 이용할 수 있다며 특허를 포기했다. 그런 그의 재정 상태는 그가 사망할 즈음 거의 파산 지경이었다. 그는 1872년 안나 베르타 루드비히와 결혼했는데 안타깝게도 1887년 입양한 안나의 오빠의 딸, 조세핀을 제외하고 자녀는 없었다.

'석유가 만든 비단' 혁명을 일으키다

월리스 캐러더스와 나일론의 발견

우리가 입고 있는 옷의 대부분은 합성섬유로 만들어진다. 석유를 가공하는 과정에서 추출해 낸 원료를 화학 처리하여 만든 섬유로 옷을 만드는 것이다. 하지만 합성섬유가 만들어지기 전에는 모든 원료를 자연에서 구했다.

북극처럼 추운 지방에 사는 사람들은 따뜻한 옷을 만들기 위해 곰과 같은 동물의 가죽을 이용했다. 서양에서는 겨울이면 양털을 이용했다. 우리나라 조상들을 비롯해 아시아 사람들은 목화와 누에고치로 면과 비단을 만들어 옷을 지었다. 그리고 삼베옷도 만들어 입었다. 하지만 인류가 오늘날처럼 다양한 옷을 입을 수 있게 된 것은 바로 합성섬유가 개발되었기 때문이다.

20세기의 기적 가운데 하나, 나일론

"이 섬유는 20세기의 기적 가운데 하나다!"

1936년 세계적인 화학 기업 듀퐁 사(社)가 내놓은 나일론 스타킹을 보고 뉴욕 박람회장을 찾은 관람객들의 입에서 쏟아져 나온 감탄이었다. 누에가 아니라 '석유가 만든 비단'이 첫선을 보이는 순간이었다.

지금은 하나도 신기할 것이 없는 나일론 스타킹이 그때에는 이처럼 혁명적인 평가를 받았다. 나일론은 명주실처럼 가늘면서 훨씬 가벼웠다. 또한 표면에서 광택이 났고 물에 잘 젖지도 않았다. 또한 누에 비단과는 달리 공장에서 대량생산이 가능했기 때문에 가격 면에서도 훨씬 저렴했다. 이 신소재는 듀퐁을 세계적인 화학 기업의 대열로 이끌었다.

이러한 진귀한 섬유 개발에는 한 화학자의 끈질긴 집념과 우연히 찾아온 유레카가 숨어 있다. 최초의 인공 합성섬유였던 나일론은 1935년 듀퐁의 연구원 월리스 캐러더스(Wallace H. Carothers, 1896~1937)가 개발했다.

미국 출신의 화학자 캐러더스는 당시 미국 동부의 델라웨어 주 윌밍턴에 있는 듀퐁 실험 연구실에 다니고 있었다. 합성섬유의 소재인 폴리머(중합체) 연구 담당 책임자였던 그는 줄리안 힐을 비롯한 연구원들과 함께 '3-16 폴리머(3-16 Polymer)'라는 합성고무를 연구하고 있었다.

위대한 발명은 때로 사소한 실수에서 비롯된다

'위대한 발명은 사소한 실수에서 탄생한다.'는 말은 캐러더스에게도 유효했다. 어느 날 연구원 가운데 한 명이 실수로 유리 막대를 폴리머에 빠뜨리고 말았다. 연구원은 깜짝 놀라 막대를 다시 꺼냈다. 이것이 바로 '20세기의 기적'이 탄생하는 순간이었다.

유리 막대를 들어 올리자 여기에 묻은 폴리머에서 가느다란 실과 같은 섬유가 뽑혀 올라왔다. 중요한 점은 캐러더스가 정체불명의 물질을 놓치지 않았다는 것이다. 젖어 있는 이것을 말리자 원래 길이의 4배까지 늘어날 정도로 탄성이 좋다는 것을 알게 되었다.

이 새로운 폴리머 물질은 충분히 길게 만들 수 있었고, 유연성과 강도도 타의 추종을 불허했다. 피땀 어린 노력이 비로소 결실로 나타나자 연구원들은 환호했다.

그들은 번뜩 이 폴리머를 사용하면 아주 우수한 섬유를 만들 수 있겠다는 아이디어를 떠올렸다. 그러나 3-16 폴리머만으로는 옷을 만들 수 없다는 것을 알았다. 왜냐하면 약한 열에도 금방 녹아 버려서 다림질을 하기 어려웠기 때문이다. 그러나 폴리머의 성질을 안 이상 이대로 포기할 수 없는 혁명

월리스 캐러더스가 나일론의 탄력을 보여 주고 있다.

적인 발견이었다.

물론 이 부분에서 부연 설명이 필요하다. 위대한 발명과 발견에는 항상 최초 발견자에 대한 논쟁이 벌어지곤 한다. 나일론의 발견 과정에서도 많은 이야기가 존재한다. 그러나 분명한 것은 이 물질의 중요성을 캐러더스가 최초로 인식했고 실용화를 위해 노력했다는 점이다.

이쯤 되자 듀퐁 사도 위험을 무릅쓰고 과감하게 투자했다. 그 후 캐러더스의 연구 팀은 끈질긴 노력 끝에 결국 오늘날의 나일론, 즉 인조 비단을 만들어 내는 데 성공했다.

"공기와 석탄과 물에서 만들어 내면서 강철보다 강하다."

1938년 캐러더스의 연구 팀은 나일론의 발명을 공식 발표하여 주목받았다.

처음에는 아디핀산의 탈수축합에 의해서 만들어졌다. 1939년이 되어서야 '나일론 6'이라고 이름을 붙인 섬유가 대량생산되었다. 나일론이 완전한 제품으로 탄생한 해다. 캐러더스가 우울증에 시달리다가 세상을 뜬 이후였다.

다리털을 제거하기 위한 면도기 산업도 호황

시간이 흐를수록 나일론의 특성을 활용한 제품들은 기하급수적으로 늘어나기 시작했다. 나일론을 응용한 제품들이 개발되자 듀퐁

나일론으로 만든 최초의 스타킹을 구입한 미국 여성들.

사는 그야말로 돈방석에 앉는 엄청난 성공을 거두게 되었다.

1938년 10월 완제품의 형태로 세상에 공개된 나일론 스타킹을 본 언론과 대중의 충격은 대단했다. 언론들은 앞다투어 이 신비로운 제품을 다루었고 나일론 기술을 연금술에 비유했다. 대중의 관심은 장난이 아니었다. 초판 제품은 단시간에 매진되었다.

특히 여성들이 느끼는 나일론 스타킹의 매력은 절대적이었다. 기존의 스타킹들은 울퉁불퉁하거나 두꺼웠다. 스타킹으로 아름다운 각선미를 뽐낸다는 것은 불가능했다. 하지만 나일론의 활용은 일반 의류까지 확산됐다. 여성 패션의 시작은 몸매를 그대로 내보일 수 있는 나일론의 탄생과 함께 시작했다고 해도 과언이 아니다.

흥미로운 사실이 있다. 나일론 스타킹은 여성의 각선미를 살려 주고 착용감까지 환상적이었지만 맨살이 비치는 바람에 여성들은 다리털 관리가 필요하게 되었다. 그로 인해 면도기 산업도 덩달아 호황을 맞게 되었다.

탄성이 강한 이 나일론은 이후 사용 범위가 더욱 확대되어 낙하산을 비롯한 특수 섬유 개발에도 이용되었으며 섬유 기술 분야에 커다란 혁신을 가져왔다. 이것이 현재 우리와 친숙한 섬유인 나일론의 개발 과정이다.

우울증으로 자살한 천재 화학자

캐러더스는 그야말로 천재적인 두뇌를 갖고 있는 인물이었던 것으로 평가받는다. 자신의 주 전공인 화학뿐만 아니라 영화를 비롯해 정치, 스포츠, 예술 분야에서도 대단한 지식과 재능을 갖고 있었다. 일리노이 대학에서 예술 석사와 박사 학위를 받았다는 사실에서도 그것을 알 수 있다.

그가 인생 말년에 듀퐁 사에 입사한 동기는 고질적인 우울증을 앓고 있었다는 사실과 관련이 크다. 실험실에서 누릴 수 있는 자유로운 연구는 캐러더스에게 커다란 행복을 가져다 줄 수 있었기 때문이다. 그는 하버드 대학 교수로서 강단에 서서 매일 똑같은 내용을 강의하며 지루한 생활에 매달렸다. 하지만 듀퐁 사에서는 새로운 환경에서 연구를 이어나갈 수 있었다.

캐러더스는 나일론 스타킹을 발명해 전 세계 많은 여성들에게 새로운 행복과 기쁨을 안겨 주었지만 정작 자신은 그만한 행복을 느끼지 못했다. 1937년 1월 그가 평소에 아꼈던 여동생 이소벨이 폐렴으로 세상을 떠났기 때문이다. 그래서 그의 우울증은 더욱 심각해졌다.

담당 의사는 캐러더스의 친구에게 그가 자살할지도 모른다고 충고하곤 했다. 1937년 4월 28일, 캐러더스는 폴리머 연구소로 출근했고, 다음 날 멀리 떨어지지 않은 필라델피아의 한 호텔방에서 자살한 채로 발견되었다. 유서는 없었다.

하늘에 수학의 잣대를 들이대다

케플러와 행성의 법칙

"자연현상의 다양성은 너무나 위대하다. 그리고 하늘에는 너무나 많은 보물이 숨겨져 있다. 이것은 인간의 마음에 새로운 영양을 공급해 주는 데 결코 부족함이 없다."

–루트비히 케플러(Ludwig Kepler, 요하네스 케플러의 아들)

후대에 영향을 끼친 뛰어난 SF 소설가

구름 한 점 없이 맑은 밤, 빌딩 숲 사이로 휘영청 떠오른 보름달을 보고 있노라면 오만 가지 엉뚱한 상상에 휩싸인다. 저렇게 큰 달이 지구를 돌고 있다는 게 정말 사실일까? 남산에만 올라가도 저 달에 손이 닿을 수 있을 것만 같은데 말이다.

현대를 사는 우리들에게도 여전히 밤하늘은 경이롭고 신비로운 대상인데 하물며 우주에 대해 아예 몰랐다고 해도 과언이 아닌 시대에 살았던 요하네스 케플러(Johannes Kepler, 1571~1630)는 어떤 생각을 했을지 쉬이 상상이 되지 않는다.

17세기 최고의 천문학자이자 수학자인 케플러가 공상과학소설(SF, Science Fiction)을 썼다는 사실은 별로 알려져 있지 않다. 하지만 그가 세상을 떠난 후인 1634년 그의 아들 루트비히 케플러에 의해 출간되어 엄청난 파장을 불러일으켰다.

『꿈(Somnium)』이라는 제목의 이 작품은 달로 여행을 간 사람이 관찰하고 겪은 에피소드를 담고 있다. 케플러는 코페르니쿠스의 체계에 눈뜰 무렵 가슴 속에 이런 의문을 품었다.

"달에 있는 관찰자에게 지구에서 일어나는 현상은 어떻게 보일까?"

이 책의 내용은 그에 대한 사색과 고민의 결과라고 볼 수 있다.

요하네스 케플러.

비록 세부적인 부분에서는 비과학적인 내용이 많지만 공상과학소설의 거장 쥘 베른(Jules Verne) 등 후대의 SF 소설가들에게 커다란 영감과 실마리를 제공했다. 이렇듯 케플러는 자신의 사유를 과학과 논리라는 틀에 제한하지 않고 상상의 나래를 맘껏 펼쳤다. 그렇기 때문에 그는 위대한 과학자가 될 수 있었을 것이다.

> "사랑하는 친구여, 당신에게 애걸하건데 나를 수학적 계산이라는 물방앗간 틀에 가두지 마시오. 나의 유일한 즐거움인 철학적 사색을 할 수 있는 시간을 줄 수는 없겠소?"
>
> —1619년, 친구 빈첸초 비앙키(Vincenzo Bianchi)에게 보낸 편지 중에서

우주의 흐름을 도안한 기하학자

그러면 케플러는 광활한 우주라는 공간 속의 태양과 달 그리고 별들의 움직임에 어떻게 수학이라는 잣대를 들이댈 수 있었을까? 창조주에 대한 믿음 때문이었다. 적어도 창조주가 세상을 만들었다면 막무가내로 만든 것이 아니라 조화로운 틀 속에서 만들었을 것이라는 믿음을 가졌던 것이다.

그는 수학과 기하학이 영원히 존재하는 것으로써 바로 신, 자체라고 생각했다. 그래서 수학은 신에게 세상과 우주를 창조할 수 있는 방법을 알려주었고, 또한 인간에게도 신이라는 이미지를 통해 그 비결을 알려주고 있다고 믿었다.

케플러는 우주가 수학적 조화를 이룬다고 주장한 피타고라스의 영향을 받았으며 또한 신은 위대한 기하학자라는 플라톤의 사고를 받아들였다. 수학의 천재이자 이론가인 케플러는 이처럼 수학을 통

해 우주를 이해할 수 있다고 믿었다. 그렇기 때문에 우주의 움직임에도 일정한 법칙이 있을 거라고 여긴 그는 수학이라는 잣대를 우주에 들이밀었다.

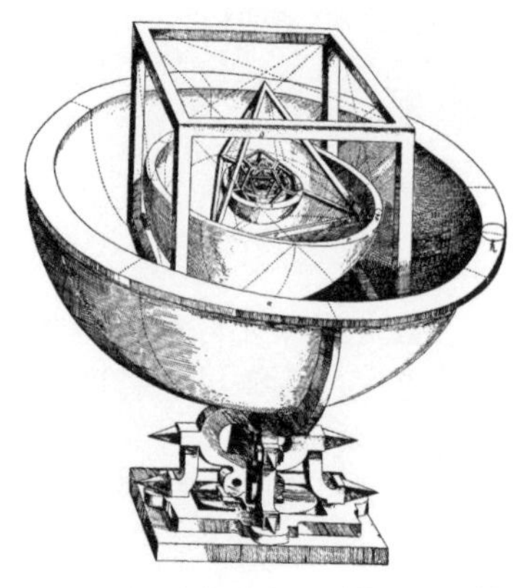
케플러가 정다면체를 이용해 구상한 태양계의 모습.

케플러의 아이디어는 세상을 수와 음악적 조화로 설명하려 했다는 점에서 피타고라스학파의 연장선상에 있다고 볼 수 있다. 예를 들어 세상의 모든 물체는 5개의 정다면체(정사면체, 정육면체, 정팔면체, 정십이면체, 정이십면체)의 속성에 따라 운동한다는 것이다.

논문 「육각형의 눈송이에 대하여」에서 6개의 대칭 막대로 구성된 눈의 결정구조를 설명했는데, 300년이 지나 X선 결정학이 발달한 후 이 가설이 이론적으로 입증되어 화제가 되기도 했다.

자연은 기하학적 규칙성을 가지고 있다

15~16세기의 유럽에는 '신플라톤주의'라는 철학적 사조가 나타나 유행했다. 신플라톤주의자들은 아리스토텔레스주의가 만연한 분위기에서 플라톤 사상의 부활을 주장했다.

그들은 플라톤이 중요하게 생각했던 기하학과 수학을 중시한다.

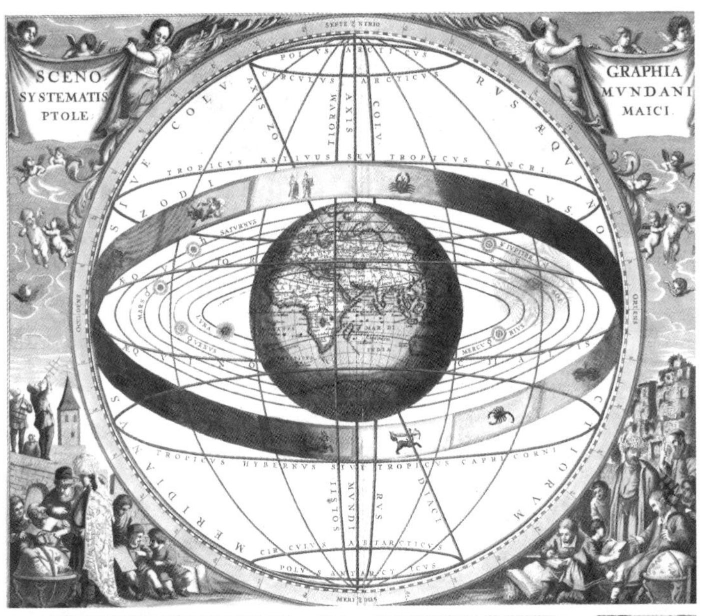

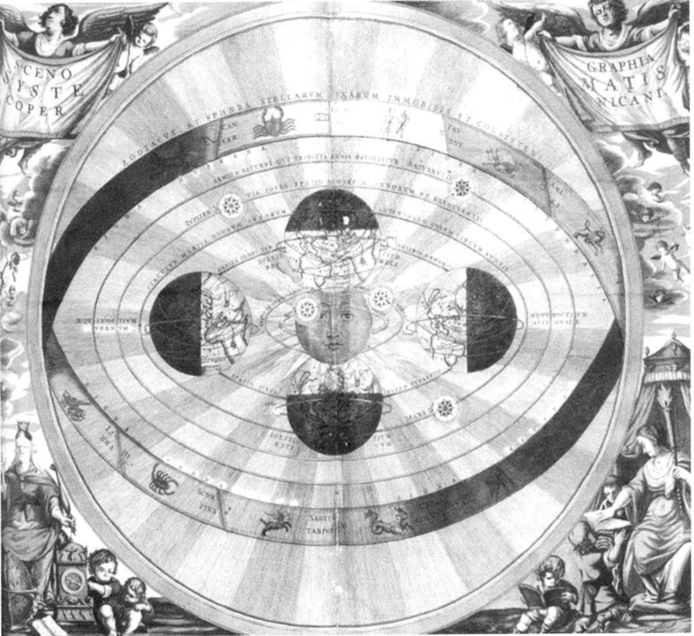

각각 천동설(위)과 지동설(아래)을 표현한 그림(1660년 작품).

자연은 기하학적인 규칙성을 가지고 있으며, 우주는 신비한 힘으로 충만해 있다고 주장했다. 신플라톤주의자들은 종교적으로 이단의 천문학인 코페르니쿠스의 지동설을 지지했다. 지동설을 주장하다가 처형된 브루노뿐만 아니라 케플러, 갈릴레이 등이 열렬한 신플라톤주의자였다.

케플러는 1571년 독일에서 태어났다. 1577년 티코 브라헤가 연구 대상으로 삼았던 혜성과 월식을 관찰하고부터 그는 어린 시절부터 천문학에 관심을 가지게 되었다. 여러 시험을 통과하여 튀빙겐에서 신학을 공부할 때만 하더라도 성직자를 목표로 삼은 그의 미래는 활짝 펼쳐진 것처럼 보였다.

그러나 보장된 밝은 미래도 그의 마음속에서 꿈틀거리는 원초적인 호기심을 잠재울 수는 없었다. 그는 신학을 공부하던 중 당대의 유명한 천문학자 미하엘 매스트린(Michael Maestlin) 교수의 강의를 듣고 크게 감명을 받아 천문학으로 전향하게 된다.

미하엘 매스트린.

당시만 해도 유럽 기독교 사회에서는 프톨레마이오스의 천동설을 정설로 받아들였고 코페르니쿠스의 지동설은 거의 이단으로 취급받았다. 매스트린은 천동설을 가르

치면서 가끔씩 지동설도 가르쳤다. 케플러에게는 지동설이 더 설득력 있는 이론으로 다가왔다. 오랜 고민 끝에 그는 결국 코페르니쿠스의 체계를 따르기로 결심했다.

티코 브라헤의 조수가 되다

1600년 케플러는 체코의 프라하로 가서 궁정 수학자로 일하고 있던 티코 브라헤를 만나 그의 조수가 된다. 그러나 브라헤는 평생을 바쳐 관측한 천문 자료를 케플러에게 넘겨주기를 꺼려했다.

그러나 기회가 찾아왔다. 1601년 브라헤가 세상을 떠나자 궁정 수학자 자리와 함께 브라헤가 살아생전 관찰한 행성 및 항성의 운행에 관한 엄청나고도 정확한 자료들을 물려받게 되었다. 덕분에 케플러는 이를 연구하여 코페르니쿠스 체계를 뒷받침할 규칙을 찾아낸다.

티코 브라헤.

오랫동안 적극적인 동조를 받지 못하던 지동설을 세상이 받아들이도록 하는 데 가장 큰 공헌을 하게 된 것이다. 그동안 관측에만 머물렀던 행성의 운동을 기하학적으로 풀이한 이가 바로 케플러다.

태양계의 모든 행성은 원이 아

니라 타원형의 궤도를 따라 움직이며, 타원의 2개 초점 가운데 하나에 태양이 위치한다는 사실을 밝힌 것이 케플러의 독특한 업적이다. 그가 발견한 3개의 행성의 운동법칙 가운데 소위 '타원 궤도의 법칙'이라는 것이다. 그러면 케플러는 어떻게 타원이라고 생각하게 됐을까?

이전까지만 해도 천동설이든 지동설이든 모든 행성의 궤도는 원형이라고 생각했다. 케플러도 이와 같이 가정하고 화성의 공전궤도를 기하학적으로 작도해 보던 중 실제 관찰 결과와 맞아떨어지지 않는다는 사실을 발견하게 되었다. 그래서 결국 행성의 공전궤도가 원이 아닌 타원이라는 사실을 밝혀낸다.

천연두로 악화된 시력을 수학적 계산으로 극복하다

예나 지금이나 천문학자는 별의 움직임을 관측할 수 있어야 한다. 그리고 그러려면 시력이 좋아야 한다. 케플러가 살았던 당시에는 더욱 그랬을 것이다. 그러나 그는 어릴 때 천연두를 앓은 탓에 시력이 악화되어 평생 눈이 나쁜 상태로 살아야만 했다. 그 결과 티코처럼 하늘의 관찰자가 될 수 있는 길이 완전히 봉쇄되고 말았다. 그러나 다행히 두뇌는 손상을 입지 않았다.

자, 하느님 보세요. 전 죽음에 몸을 던졌고 그래서 이 책을 씁니다. 지금의 사람들이 읽든 후대의 사람들이 읽든 상관하지 않습니다. 만약 하느님 당신이 누군가 당신을 공부할 수 있도록 지금까지 6,000년의 세월을 기다려 주셨다면 저의 연구를 독자들이 읽도록 100년의 세월을 더 기다리게 해 주소서.

–『우주의 조화』 중에서

여기서 6,000년은 기독교의 역사를 말한다. 어쨌든 100년이 채 지나지 않아 고전물리학의 거인 뉴턴이 케플러의 법칙과 수학적 기초로 만유인력의 법칙을 발견한 것을 보면 케플러의 선견지명은 대단했다고 볼 수 있다.

케플러는 말년에 점성술사로 활동했을 정도로 점성술에도 관심이 많았다. 당시의 천문학자 대부분이 점성술사였다. 뉴턴도 예외는 아니었다. 그리스 어로 별을 뜻하는 'astro'와 말, 혹은 공부를 뜻하는 'logos'의 합성어인 점성술(astrology)은 천문학(astronomy)과는 오랜 친구이자 동료다. 정확히 말하자면 학문적으로는 동료이지만 연배로는 점성술이 한참 선배인 셈이다.

케플러의 유레카는 한순간에 찾아온 것이 아니었다. 수학과 자연에 대한 믿음, 조화에 대한 믿음, 창조주에 대한 확고한 믿음의 결과였다. 이것은 곧 자연과 우주에는 질서정연한 법칙이 있다는 믿음이었다.

화학을 예측 가능한 과학으로 만들다

멘델레예프와 주기율표

"난 마음속의 자유를 얻었다. 두려워서 말 못할 것은 세상에 아무것도 없다. 어느 누구도, 또 어떤 것도 나를 침묵시킬 수 없다. 아주 좋은 느낌이고 내가 진정한 인간이라는 느낌이다. 여러분도 이런 느낌을 가졌으면 한다. 여러분이 이러한 마음속의 자유를 얻도록 도와주는 것이 나의 도덕적 책무다."

나는 평화를 추구하는 진화론자다

위에 소개한 말은 모든 물질의 성분인 원소의 족보라고 할 수 있는 주기율표를 만든 러시아의 화학자 멘델레예프(Dmitri Ivanovich Mendeleyev, 1834~1907)가 그의 마지막 대학 강의에서 들려준 위대한 명언이다. 그가 세상을 떠나기 2년 전인 1905년, 평생 교육자로 몸담고 있었던 성 피터스버그 대학교에서였다. 그는 이 강의를 끝으로 대학은 물론 모든 연구와 제자들과도 영영 이별을 고했다. 곧 닥칠 죽음을 맞이해야 했기 때문이다.

멘델레예프의 마지막 강의 이야기는 다시 이렇게 이어진다.

"나는 평화를 추구하는 진화론자다. 논리적이고 체계적인 방법으로 나아가라. 연구하며 평화를 추구하고, 연구 속에서 평온을 찾아라. 다른 곳에서는 찾을 수가 없다. 스치는 행복들, 그것은 당신을 위한 것이다. 연구는 길고 영원한 기쁨을 남긴다. 그러나 그 연구는 다른 사람을 위한 노력이어야 한다."

과학사에 길이 빛날 금자탑을 이룩한 멘델레예프는 성 피터스버그 대학에서 물러나 지병인 결핵과 싸워야 할 처지였다. 그러나 지

멘델레예프의 업적을 기념하는 우표.

금까지의 생에 대해 후회가 없고, 죽을 날이 멀지 않았지만 마음은 평온하고 행복이 넘쳐흐른다고 이야기한 것이다. 또 항상 기쁜 마음으로 공부하고 남을 위해 노력하라고 당부한 것이다. 이처럼 그의 학문적 철학 속에는 거룩한 휴머니즘이 녹아 있다.

1907년 1월 20일, 73세의 멘델레예프는 간병인이 읽어 주는 쥘 베른의 『북극 탐험 이야기』를 들으면서 평화롭게 영원의 안식처로 떠났다. 이처럼 그는 죽는 날까지 자연과 우주에 대한 호기심과 상상력을 손에서 놓지 않았다.

19세기 프랑스 출신으로 근대 SF의 선구자로 평가받는 쥘 베른은 미래를 정확히 묘사한 선구적 소설가이다. 멘델레예프는 늘 '쥘 베른은 우주적인 상상력을 지니고 있다. 이것은 매우 드물고 아름다운 능력이다. 그는 훌륭한 시인이자 놀라운 예언자였으며 능력 있는 창조자였다.'고 생각했다.

제자들이 주기율표를 들고 장례 행렬을 이끌다

멘델레예프의 장례식은 독특했다. 그의 제자들은 알파벳이 가득 적힌 팻말을 들고 장례 행렬을 이끌었다. 알파벳은 다름 아닌 그가 완성한 주기율표였다. 오늘날 우리나라의 많은 수험생들이 "수헬리베 붕탄질산……."으로 시작하는 노랫말까지 지어 외워야 하는 주기율표가 장례식의 제일 선두에 등장했다는 말이다.

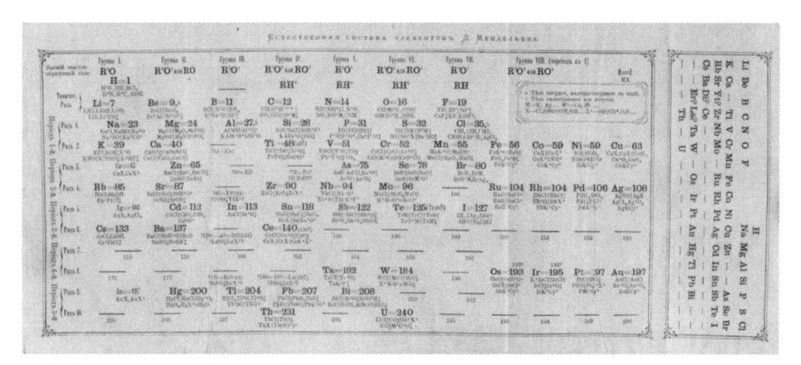

멘델레예프가 직접 그린 주기율표.

멘델레예프의 주기율표 안에는 태양과 흙, 생물의 세포 등 우주에 존재하는 모든 물질의 원소가 담겨 있다. 주기율표에 등장하는 원소(118종) 가운데 산소와 철은 지구 전체 무게의 약 65%를 차지한다. 우주 전체를 보면 우주 질량의 약 97%는 수소와 헬륨이 차지하고 있다.

고대 사람들의 주기율표는 '흙, 공기, 불, 물'이었다. 이 네 가지 물질을 만물의 기본 요소로 여겼기 때문이다. 그러다가 세상의 모든 물질이 원자, 즉 '더 쪼갤 수 없는 궁극의 알갱이(그리스 어로는 Atomos)'로 이뤄졌다고 주장한 사람은 기원전 5세기의 철학자인 데모크리토스였다. 이후 새로운 원소들이 속속 발견되었고, 19세기 중반에는 각 원소의 원자량까지 정확하게 계산되었다. 화학자들은 각 원소 간 규칙을 찾고자 했다.

그러면 멘델레예프가 주기율표를 완성하는 데 공헌한 것은 무엇일까? 과학사는 그를 다음과 같이 그리고 있다.

앞으로 발견될 원소와 인공원소까지 알아맞히다

"멘델레예프는 원소의 주기율표 개발로 잘 알려졌다. 그의 주기율표는, 원소들을 점점 증가하는 원자의 무게(원소의 질량)에 따라 분류할 수 있다는 이론에 근거를 두고 있다. 멘델레예프는 이 주기율표를 이용해서 아직 알려지지 않은 원소들의 성질까지 정확하게 예견할 수 있었다."

멘델레예프가 만든 주기율표에는 원래 63개의 원소가 있었다. 그는 이외에도 앞으로 발견될 원소들을 위해 빈칸을 남겨 두었다. 그의 판단은 옳았고 결국 그 빈칸에 모든 원소가 채워졌다. 자연계에 존재하는 원소 중 92번 째, 우라늄까지 발견된 것이다.

멘델레예프에 앞서 영국의 분석화학자 존 뉴랜즈(John Newlands, 1838~1898)는 원자량의 체계에 따른 순서에 번호를 매기다가 희한한 규칙을 발견했다. 성질이 비슷한 원소들이 여덟 번째 간격으로 나타남을 발견한 것이다. 이것은 음악의 옥타브가 여덟 번째 음정 부분에서 반복된다는 규칙과 비슷하다고 하여 '옥타브의 법칙'이라 했다.

존 뉴랜즈.

하지만 여기에는 치명적인 결함이 있었다. 뉴랜즈가 처음 번호를 매긴 표에는 공란이 많을 수밖에 없었다. 그 자리는 당시에 아직 발견되지 않은 원소들이 차지해야 할 부분이었기 때문이다. 그러나 빈칸을 남겨 두기가 꺼림칙했던 뉴랜즈는 무리하게 다른 원소들을 끼워 넣었다. 이는 엄청난 실수였다. 덕분에 그는 졸지에 조롱의 대상이 됐다. 하지만 그럼에도 불구하고 멘델레예프는 그의 공로를 인정했다.

뉴랜즈와 달리 멘델레예프는 1869년 각 원소의 성질을 기록한 카드로 주기율표를 만들면서 빈칸을 내버려 두었다. 그러면서 공란에 들어갈, 장차 발견될 원소의 이름과 성질까지 정확하게 예측해 보았다. 예컨대 아연(Zn)과 비소(As) 사이에 원자량 68과 72의 원소가 2개 더 있을 것이라고 내다보는 식이었다. 그의 예측은 적중했다. 1875년과 1886년, 프랑스와 독일에서 두 자리의 공란에 들어갈 갈륨과 게르마늄이 발견된 것이다.

그는 또 붕소(B)와 알루미늄(Al) 사이에 원자량 44에 가까운 원소가 발견될 것이라고 예측했다. 아니나 다를까, 얼마 후 스웨덴의 라르스 닐손(Lars F. Nilson)이 멘델레예프가 예측한 그 원소(에카붕소)를 발견했다. 그 원소의 이름은 스칸디나비아반도의 이름을 딴 스칸듐(Sc)이었다. 스칸듐의 원자량은 멘델레예프의 예측과 흡사한 44.956이었다.

삼라만상을 이루는 원소의 족보를 족집게처럼 알아맞힌 것이다. 이후 화학자들은 원자보다 더 작은 양성자를 토대로 더욱 정밀한 주기율표를 만들었다. 지구에 존재하는 천연원소는 현재 93번(넵투

늄, Np)까지 발견되었지만 113~118번은 실험실에서 만들어진 인공 원소이다. 멘델레예프는 과거는 물론 미래에 태어날 원소의 족보까지 꿰뚫은 천재였다.

어머니가 학문의 길을 열어 주다

멘델레예프는 러시아 정치범 유배지인 시베리아의 토볼스크에서 14명의 형제 중 막내로 태어났다. 1905년 시작되어 피로 얼룩졌던 러시아 혁명의 태동기를 지켜보면서 생을 마감한 멘델레예프는 그렇게 마음이 편하지 않았다.

이러한 격동기에 화학자 멘델레예프의 피난처는 어머니였다. 공장 노동자로 일하며 끼니를 이어 가는 불우한 환경 속에서도 학문의 길을 열어 준 어머니가 바로 의지할 곳이었던 셈이다. 멘델레예프의 전기에 나오는 이야기는 그의 어머니 마리아가 얼마나 대단한 여성인지를 잘 보여 준다.

"그의 어머니는 죽으면서 이런 말을 남겼다. '쓸데없는 망상을 하지 마라. 연구에 의지하고 말에 의지하지 마라. 인내심을 갖고 신성하고 과학적인 진실 연구에 매달려라.'"

"그녀는 변론이 얼마나 사람을 잘 속이는지 그리고 인생을 살아가면서 배울 것이 얼마나 많은지 아는 사람이었다. 그리고 폭력이 없는 과학, 사랑과 단호함을 통해 모든 미신과 거짓 그리고 잘못을 없애고 미래의 자유와 행복이 내면의 기쁨을 준다는 걸 알고 있었다. 멘델레예프는 어머니의 유언을 신성한 것으로 간직했다."

위대한 과학자 멘델레예프의 뒤에는 위대한 어머니가 있었다. 또 멘델레예프는 평생 수백 편의 논문을 발표하면서 서두에 항상 '이 연구를 존경하는 어머니에게 바친다.'는 문구를 한 번도 빠뜨린 적이 없었다.

지구에서 태양으로 바뀐 우주의 중심

코페르니쿠스와 지동설

흔히 대담하고 획기적인 발상을 '코페르니쿠스적 발상'이라고 부른다. 이는 18세기 독일의 철학자 이마누엘 칸트가 자신의 인식론의 입장을 밝힐 때 '코페르니쿠스적 전환(Copernican revolution)'이라는 말을 사용하면서 비롯되었다. 이 용어는 코페르니쿠스(Nicolaus Copernicus, 1473~1543)가 지구 중심의 프톨레마이오스의 천문학과 결별하고 태양 중심의 모델을 남들보다 먼저 만들었다는 사실에서 기인한다.

이전까지 인식론에서는 대상을 중심으로 생각했다. 다시 말해서 우리가 인식하는 모든 것은 내가 아닌 외부에 있는 성질에 준거한다는 것이다. 그러나 칸트는 이 사고방식을 역전시켜서 대상이 우리의 성질, 즉 우리가 가지고 있는 선천적인 형식에 준거한다고 주장했다. 신에서 인간으로, 객관에서 주관으로, 인식론의 획기적인 전환을 가져왔다고 해서 코페르니쿠스의 업적과 비견할 만한 것이었다.

이렇듯 무언가 확연히 달라진 것을 표현할 때면 반드시 코페르니쿠스라는 이름이 빠지지 않고 등장한다. 그러면 코페르니쿠스가 어떤 사고의 전환을 가져왔기에 이토록 오랫동안 그의 이름이 언급되는 것일까?

취할 줄 모르면 지구 자전도 모른다?

우선 재미있는 이야기를 하나 소개할까 한다. 영국의 런던수학회(The Mathematical Society of London)에서 나온 노래로, '천문학자들의 음주가(The Astronomer's Drinking Song)'라는 게 있다. 역사가 가장 오래된 과학인 만큼 그 내용도 상당히 리얼하고 의미가 있다는 생각이 든다.

이 노래는 상당히 길다. 가사 내용에는 고대 그리스서부터 근대에 이르기까지 세계적으로 유명한 수학자, 물리학자, 천문학자들이 대거 등장한다. 그 가운데 천동설의 프톨레마이오스와 지동설의 코페르니쿠스에 대해 언급한 부분을 간단히 소개한다. 두 사람은 서로 대비되는 인물이기 때문에 비교하면서 가사를 음미해 보면 좋을 것 같다.

When Ptolemy, now long ago, / Believed the earth stood still, sir. / He never would have blundered so, / Had he drunk his fill, sir. /He'd then have felt it circulate, / And would have learnt to say, sir. / The true way to investigate / Is to drink your bottle a day, sir.

오래전의 프톨레미(프톨레마이오스) 선생, / 지구는 멈춰 있다고 생각했네. / 잘난 그 양반은 실수할 줄도 모른다네. / 술 진탕 먹고 취할 줄 알았다면 / 지구가 돈다는 것을 알았을 텐데. / 그래서 그 선생, 이렇게 이야기했을 건데. / 진리를 발견하는 가장 좋은 방법은 / 매일 술병을 비우는 거라고.

"술을 마시고 취할 줄 알았으면 지구가 돈다는 것도 알았을 텐데."라는 대목이 참 재미있다. 그럼 코페르니쿠스에 대해서는 어떻게 다루었는지 보자.

Copernicus, that learned wight, / The glory of his nation, / With draughts of wine refreshed his sight /And saw the earth's rotation. / Each planet its orb described, / The moon got under way, sir. / These truths from he imbibed. / For he drank his bottle a day, sir.

통찰력을 배운 코페르니쿠스 선생, / 조국에 영광을 안겨 주었네. / 술잔을 비우니 눈이 밝아졌네. / 그래서 지구가 돈다는 걸 알고 말았네. / 행성들은 궤도를 돌고 달도 그렇다네. / 이러한 진리를 깨달은 건 다름 아닌 / 매일 술잔을 비우며 취했기 때문이라네.

법학, 의학, 천문학 등 여러 학문을 섭렵하다

1473년 폴란드 토루인에서 태어난 코페르니쿠스는 10세 때 아버지를 여의고 외삼촌에게 의지한다. 외삼촌 루카스 바젠도르는 매우 명망 있는 성직자로 나중에 주교의 자리까지 오른다. 코페르니쿠스는 여러 대학에서 공부했다. 폴란드의 크라쿠프 대학에서 천문학을 처음으로 접했고 볼로냐 대학에서는 법학을 전공했다.

볼로냐 대학에서는 당시 그리스 어를 교과 과정에 포함시키고 있었다. 왜냐하면 고대 그리스 사상가들의 저서 대부분이 아직 라틴어로 번역되지 않았기 때문이다. 이때 배운 그리스 어를 바탕으로 프톨레마이오스 등 그리스 천문학자들의 책을 읽고 공부할 수 있게 되었다.

또 파두아 대학에서는 의학을 공부하면서 천문학과 점성술을 접했다. 당시에는 하늘에 있는 천체가 지상의 생물체에게 영향을 미친다는 그리스와 이슬람의 의학 사상이 팽배했기 때문에 의학 교과 과정에도 천문학과 점성술이 있었다. 그리고 페라라 대학에서는 교회법으로 박사 학위를 받았는데 이 시기는 코페르니쿠스의 일생에서 특히 중요하다. '코페르니쿠스적 전환'이 바로 이때 태동하기 시작했기 때문이다.

그는 천문학자인 노바라(Domenico Maria Novara)의 집에서 기거하면서 처음으로 천체를 관측할 수

니콜라우스 코페르니쿠스.

있는 기회를 얻었다. 노바라는 당시에는 보기 드물게 프톨레마이오스의 이론에 부정적인 시각을 갖고 있는 학자였다. 코페르니쿠스는 천체를 관측하는 재미에 흠뻑 빠졌다. 어쨌든 코페르니쿠스는 법학, 의학, 천문학에 이르기까지 다양한 학문을 접하면서 기존의 가치관에 반기를 들 수 있는 혁명적 사고의 기반을 착실하게 닦았다고 할 수 있다.

그러나 불행히도 외삼촌이 세상을 떠난 이후 교구 업무를 맡아야 했기 때문에 자유로이 천체 관측을 할 수 없게 된다. 결국 자신이 살고 있던 탑 위에 천문 관측소를 지어 별을 관측하는 일을 계속했다. 망원경도 없던 시절 그의 주된 관심은 별의 이동이었다. 이러한 별의 이동을 통해 코페르니쿠스는 기존의 우주관에 문제가 있다는 것을 하나둘 깨닫게 되었다.

실제로 페라라에서 별을 관측하면서 코페르니쿠스를 괴롭혀 온 문제가 있었다. 무려 1,500여 년 동안 부동의 천문학 이론으로 자리매김했던 프톨레마이오스의 체계, 다시 말해서 천동설이 자신의 관측 결과와 어긋난다는 사실이었다.

프톨레마이오스.

오랫동안 사람들은 태양과 달을 비롯해 모든 행성들이 고정되어 있는 지구를 중심으로 회전한다고 생각했다. 이 별들이 지구를 한 바퀴

도는 데는 24시간이 걸리기 때문에 별들은 그리 멀리 있는 것도 아니고, 따라서 우주(태양계)는 무한히 큰 것이 아니라 지구를 중심으로 구성된 매우 제한된 세계라고 생각했다.

그러나 코페르니쿠스의 관찰 결과는 달랐다. 아주 쉬운 예로 그는 별들이 지구로부터 꼭 같은 거리에서 나타나지 않는다는 것을 발견했다. 당시만 해도 제대로 된 물리학 이론이 없었다. 그는 뉴턴과 같이 근대물리학의 힘에 대해서도, 공간을 돌진하는 행성의 개념에 대해서도 몰랐다. 따라서 결국 혼자서 고대의 개념과 근대의 개념을 뒤섞은 태양계 개념을 발전시켜야 했다.

그의 태양계 개념에 따르면 우주는 훨씬 큰 것이어야 했다. 지구는 아주 멀리 떨어진 태양의 주위를 회전하고 있으며 다른 행성들도 더 먼 거리에서 태양을 중심으로 공전을 해야 하고 별들도 훨씬 더 먼 곳에 있어야 했다. 그는 이러한 아이디어를 담아 1510년과 1514년 사이 「주해서(Commentariolus)」라는 제목의 짧은 논문을 완성했다. 이 논문은 코페르니쿠스의 지동설의 핵심을 아주 간단하면서도 정확하게 묘사하고 있다.

그러나 '우주의 중심은 지구'라는 천동설을 뒤엎는 것은 곧 당시의, 신을 중심으로 하는 절대적인 세계관을 뒤엎는 불충한 일이었다. 신과 종교에 대한 모독이 될 것이라 생각한 코페르니쿠스는 자신의 논문을 공개하지 않았다. 단지 생각을 같이하는 몇몇 친구에게만 보여 주었을 뿐이다.

'레볼루션(revolution)'은 '회전'과 '혁명'이라는 뜻

코페르니쿠스는 자신의 이론에 무게를 싣기 위해서 수학적으로 뒷받침할 수 있는 정교한 체계를 만들어야 한다고 생각했다. 그리고 결국 그의 필생의 대작인 「천체의 회전에 관하여(On the Revolution of the Heavenly Spheres)」라는 논문을 완성하게 된다. '레볼루션(revolution)'이라는 말이 '회전'과 '혁명'이라는 두 가지 뜻을 지니고 있다는 것을 감안한다면, 그의 논문은 「천체의 혁명에 관하여」라는 제목을 붙여도 무방할 정도로 세상에 나오자마자 그야말로 혁명을 불러일으켰다.

코페르니쿠스가 수학에 매달린 이유는 증명할 수 있는 명료한 체계를 고안하기 위해서였다. 프톨레마이오스의 체계는 복잡하면서 군더더기가 너무 많았던 것이 늘 불만이었다. 그리고 그는 수학적이고 과학적 반론이 아닌, 단지 천동설을 뒤엎었다는 이유로 꼬투리를 잡고 자신의 체계를 공격하려 드는 사람들을 경계했다. 그는 「천체의 회전에 관하여」에서 다음과 같은 이야기를 남겼다.

"만약 잘 모르면서 수학에 대단한 지식이 있는 척하는 수학자에게 좋은 기회가 주어진다면, 그들은 목적을 위해 성경의 권위에 의존해 나의 가설을 비난하고 나를 괴롭힐 것이다. 나는 인간으로서의 그들의 가치를 무시하는 것이 아니라 그들의 신중하지 못한 판단을 힐책하는 것이다."

자, 기독교의 눈총을 받다가 세상을 뜨기 바로 직전에야 『천체의 혁명』을 출간했다는 씁쓸한 이야기는 덧붙이지 않아도 될 것이다. 그러면 코페르니쿠스의 유레카는 무엇일까? 순간적으로 찾아온 우연이 아니다. 그는 무지를 경계했다. 과거의 전통적인 도그마에서 벗어나 진실을 알려야겠다는 학자적 양심의 발로가 '코페르니쿠스적 발상'이라는 유레카를 만들어 낸 것이다.

다윈이 진화론을 통해 '땅의 혁명'을 일으켰다면 코페르니쿠스는 지동설을 통해 '하늘의 혁명'을 일으켰다. 우리는 이런 의문에 휩싸인다. 인간은 왜 발을 붙이고 있는 땅의 혁명을 먼저 일으키지 않고, 잡으려 해도 잡히지 않는 하늘의 혁명을 먼저 일으킨 것일까? 코페르니쿠스가 1473년생이고 다윈은 1809년에 태어났으니까 무려 330여 년의 차이가 난다. 그 해답은 간단하다. 인간의 호기심이다. 밤하늘을 올려다보자. 수많은 별이 반짝이는 아름다운 밤하늘을 한 번이라도 본 사람이라면 밤하늘의 매력에 빠지지 않고서는 못 배긴다. 그리고 많은 상상을 한다. 탈레스가 개울에 빠진 이유가 바로 그렇다. 그 호기심이 오늘의 과학을 탄생시킨 원동력이다. 코페르니쿠스도 그렇지 않은가?

역사상 최초의 과학수사 요원

아르키메데스와 부력의 법칙

"Give me a lever long enough, and prop strong. I can single-handed move the world.(충분히 긴 지렛대와 단단한 지렛목을 주시오. 그러면 한 손으로 세상을 움직일 수 있소.)"

—아르키메데스(Archimedes, B.C.287?~B.C.212)

세계 최초의 과학수사 요원

위에 소개한 명언은 매우 유명하다. 아르키메데스의 업적은 지렛대의 원리를 밝혀낸 것이다. 그는 또 배가 왜 뜨는지에 대한 부력의 원리를 밝혀낸 장본인이다. 둘 다 중요한 이론이지만 부력의 발견에 무게를 더 두어 '아르키메데스의 원리' 하면 보통 부력의 법칙을 이야기한다.

부력의 법칙을 깨닫게 된 아르키메데스의 목욕탕 일화도 매우 유명하다. 대신 이런 질문을 던져 보자. 당시 아르키메데스는 뭘 하는 사람이었을까? 아마 왕의 총애를 받던 사람이었던 것은 확실하다. 측근에서 왕을 모셨으니까 말이다. 그러면 그는 과학자였기 때문에 왕의 신임을 받았던 것일까?

아르키메데스.

필자는 이런 생각을 해 본다. 그는 뛰어난 수사 요원이었을 것이라고 말이다. 그것도 미드 〈CSI〉 시리즈나 영화 속 주인공처럼 사건 현장에서 활약하는 과학수사 요원이었을 것이라고 생각한다. 그렇게 따지면 아르키메데스는 인류 역사상 최초의 과학수사 요원인 셈이다.

헤론 왕은 대대로 내려오던 왕관에 싫증을 느꼈다. 그러던 어느 날 왕관 제작자를 불러 금덩어리를 내주면서 멋진 왕관을 만들어 오라고 명령했다. 몇 달 후에 있을 생일에 그 멋진 왕관을 쓰고 대신과 국민들 앞에서 위엄을 자랑하고 싶었다.

납기일에 맞춰 새로운 왕관이 도착했다. 그런데 왕관 제작자의 행실이 별로 좋지 않다는 소문이 들렸다. 그는 금뿐만 아니라 은, 구리 등을 녹여 귀중품을 만드는 독자적인 기술을 가지고 있었는데 종종 금 대신 값싼 다른 금속을 섞는다는 것이었다. 왕은 자신의 왕관에도 은이 섞여 있을 것이라고 의심했다.

새로 제작한 왕관이 진짜인지 가짜인지 골머리를 앓던 왕은 뛰어난 수사관인 아르키메데스를 불렀을 것이다. 그리고 왕은 최고의 권력자를 희롱한 사기꾼을 꼭 잡아내라고 엄포를 놓았다. "만약 진실을 밝히지 못한다면 그대를 문책하겠다."고 말이다.

거짓 유무를 밝히라는 명령을 받은 아르키메데스는 그때부터 고민에 휩싸였다. 일반 사기 사건과는 전혀 다른 종류의 사건이다. 왕관을 해부하여 그 속을 들여다볼 수도 없는 노릇이다.

"왕관이 순금으로 만들어졌는지 일부 불순물이 섞였는지 어떻게 알 수 있을까?"

그는 온갖 해박한 지식을 이용했지만 좋은 방법이 떠오르지 않았다. 또한 증거를 찾지 못해 왕으로부터 벌을 받게 될까 봐 두려움에 떨어야 했다.

하루는 아르키메데스가 피곤한 마음과 육체를 달래기 위해 모든 것을 잊고 목욕탕으로 향했다. 그리고 피로를 풀고 있는데 갑자기 알몸으로 뛰쳐나와 거리를 달리면서 "Eureka! Eureka!"라며 연방 고함을 외쳤다. 그리스 어로 'Eureka(유레카)'는 '알았다, 발견했다'는 뜻이다. 사람들은 나중에 이 말을 영어로 "I've got it." 또는 "I've found it."이라고 풀이했다.

아르키메데스가 발견의 기쁨을 주체하지 못해 정말 알몸으로 거리를 달렸는지 아니면 후세 사람들이 지어낸 이야기인지는 확실하

아르키메데스의 목욕탕 그림(16세기 작품).

지 않다. 대단한 발견에는 엄청난 기쁨과 흥분이 뒤따른다. 그러나 아르키메데스가 "유레카!"라고 외친 것이 아니라 "이제 살았다! 살았어!"라고 외쳤다면 지나친 해석일까? 왕으로부터 처벌을 면하게 됐으니 말이다. 어쨌든 우리는 이 일화를 통해 학문에 대한 아르키메데스의 집착이 대단했으며 과학에 대한 호기심도 왕성했다는 것을 잘 알 수 있다.

학문의 요람, 알렉산드리아 유학파

아르키메데스는 기원전 287년경 시실리 섬 시라쿠사에서 태어나 이집트의 알렉산드리아에서 오랫동안 유학했다. 아버지 피디아스

(Phidias)는 천문학자였다. 과학에 대한 풍부한 소질은 타고난 셈이다. 알렉산드리아 이야기가 나왔으니까 잠깐 이 도시에 대해 알아보자.

알렉산드리아는 지명에서 알 수 있듯이 알렉산더 대왕의 이름을 따서 지은 도시로 알렉산더 대왕이 기원전 331년경 이집트 원정을 기념하기 위해 건설했다. 알렉산더 대왕이 세운 도시 가운데 자신의 이름을 붙인 알렉산드리아 도시는 이집트 외에도 많았다. 그러나 대표적인 도시가 이집트의 알렉산드리아다.

나일 강 하구와 지중해에 접하고 있어 아름다운 미항(美港)이자 휴양 도시로 알려져 있다. 그러나 이 도시의 가장 큰 특징은 유럽을 비롯해 아프리카, 서남아시아 등지를 아우르는 세계 최고의 학문의 요람이었다는 것이다. 대부분의 학문과 예술이 이곳에서 탄생했고, 특히 자연과학 연구가 활발했다. 오늘날의 어느 대학과도 비교가 안 될 정도로 독보적인 상아탑이었다.

당시 알렉산드리아에서의 유학은 곧 최고의 지성을 의미했다. 정연한 도시계획에 따라 만들어진 도읍으로 왕궁, 세라피스 신전, 파로스 섬의 등대가 있었다. 무세이온(Mouseion, 학문 연구소)과 부속 도서관, 천문대, 해부학 연구소, 동물원 등 도시 전체가 학문의 요람이었다.

아르키메데스뿐만이 아니다. 기하학의 아버지 유클리드를 비롯해 지리 · 역사 · 자연과학의 에라토스테네스, 지리학의 프톨레마이오스, 문헌학의 칼리마코스와 같은 유명한 대학자들을 배출하였다.

명실공히 최고의 지성인 양성소나 다름없었다.

이곳에서 제일 중요한 것은 알렉산드리아 도서관이었다. 당시 세계 최대의 도서관으로 파피루스로 된 책들만 70만 권 이상이 있었다고 한다. 고대 유럽의 학문과 예술이 알렉산드리아에서 나왔고 동양과 서양을 잇는 헬레니즘 문화의 사상적 체계도 이곳에서 탄생했다. 더구나 알렉산드리아는 최대 무역항으로 전 세계의 새로운 문물을 받아들이기에 안성맞춤이었다.

그러나 쿠데타를 일으켜 로마를 집권한 시저와 이후 기독교주의자들에 의해 무참히 파괴되었다. 유럽과 미국은 자신들의 정신적 문화의 출발점을 그리스와 로마에서 찾으려고 한다. 그러나 당시 이집트의 학문과 문명은 더 대단했다. 바로 그 그리스가 이집트에서 학문을 수입했기 때문이다. 알렉산더가 이집트에 알렉산드리아

알렉산드리아 부속 도서관 상상도.

를 세운 것도 바로 그 이유에서다.

그러나 이집트의 화려한 문명이나 진보된 과학에 대해 현재 전해지는 것은 거의 없다. 이집트 학문의 상징인 알렉산드리아 도서관이 완전히 파괴되면서 모든 것이 땅속에 묻히고 말았다. 아마 이 도서관이 지금까지 건재했다면 세계의 불가사의로 알려진 피라미드와 스핑크스의 건축법에 관한 비밀도 밝혀졌을 것이다.

포에니 전쟁 당시 기상천외한 무기들을 개발하다

한편 알렉산드리아에서 오랫동안 유학을 했던 아르키메데스는 고향 시라쿠사로 돌아와 헤론 왕 밑에서 일생을 보낸다. 부력의 법칙과 지렛대의 원리가 이때 만들어졌으며 유레카의 일화도 이 당시의 일이다.

아르키메데스는 자신의 과학 이론을 전쟁에도 이용했다. 로마와 카르타고는 지중해의 패권을 놓고 3차례에 걸쳐 전쟁을 치렀다. 그 중 제2차 포에니 전쟁(B.C.218~B.C.202) 때 시라쿠사는 카르타고의 편을 들었고 결국 로마 군대의 공격을 정면으로 받게 된다.

이때 아르키메데스의 나이는 이미 칠순이 넘은 고령이었다. 그러나 그는 수학, 물리학, 천문학을 통해 얻은 지식을 무기를 제작하는 데 활용해 깜짝 놀랄 만한 각종 무기를 만들어 내었다.

시라쿠사 진영에 기상천외한 무기들이 대거 투입되었다. 다양한

볼록 렌즈를 이용한 아르키메데스의 무기 상상도(1660년 작품).

사정거리로 무거운 돌을 여기저기 던지는 투석기를 비롯해 상륙하려고 하는 적의 배를 들어 올리는 기중기도 등장했다. 커다란 볼록 렌즈를 사용해 적군의 배나 진지를 태워 엄청난 피해를 주기도 했다. 하지만 이런 무기로도 최강의 로마 군에게 대항하기에는 역부족이었다. 그는 조국과 함께 운명을 같이한 애국자였다.

로마 군의 사령관이었던 마르켈루스(Marcus Claudius Marcellus) 장군은 "아니, 도대체 적진에 어떤 작자가 있기에 이런 괴상한 무기들이 등장하는 거야?"라며 화를 냈다. 그러자 측근들은 "과학자 아르키메데스의 장난입니다."라고 대답했다. 3년이 지나서야 시라쿠사는 함락되었고 아르키메데스도 운명을 같이했다. 이로 인해 아르키메데스는 『플루타르코스 영웅전』 '마르켈루스의 생애' 편에 등장하고 그의 업적도 기록으로 남게 되었다.

과학에 국경은 없다. 그러나 과학자에게는 있다

또 다른 재미있는 일화가 있다. 『플루타르코스 영웅전』에 따르면 도시가 함락될 당시 아르키메데스는 기하학 문제를 놓고 고심하고 있었다고 한다. 시라쿠사가 함락되자 로마 군인이 아르키메데스를 찾아와 마르켈루스를 접견하라고 명령하였다. 아르키메데스는 문제를 푸는 도중이었기 때문에 "내 원을 밟지 마!"라며 이를 거절했다. 격분한 군인은 아르키메데스를 칼로 찔러 살해했다고 한다.

그의 죽음에 대해서 다른 이야기도 있다. 아르키메데스가 도시

아르키메데스의 죽음(1815년 작품).

함락 와중에 사망한 것일 수도 있다는 내용이다. 아르키메데스가 들고 있던 해시계, 구와 같은 도구가 보물로 오인되어 이를 약탈하려는 병사들에게 살해되었다는 것이다. 마르켈루스 장군은 도시를 함락하면서 부하들에게 아르키메데스의 안전을 당부하였기 때문에 그의 사망 소식을 듣고는 매우 화를 냈다고 한다.

유레카의 원조, 아르키메데스. 그의 유레카의 순간은 어디에서 비롯된 것일까? 물론 열정과 집착이다. 그러나 조국을 사랑하는 충성심 그리고 그에 대한 열정이 깨달음으로 연결된 것은 아닐까? 과학에 국경은 없다. 그러나 과학자에게는 있다.

3
E=mc2
c
%
b
1

2부

서서히 타오르는 불꽃처럼!
노력과 끈기의 순간들

'괴짜 어린이'가 일으킨 과학수사 혁명

앨릭 제프리스와 DNA 지문

"만약 지금까지 세상에서 발명된 것들을 모두 없애 버린다면 세상에는 길거리에서 비를 맞고 있는 사람들 외에 남아 있을 것이라곤 하나도 없다."
-톰 스토파드(Tom Stoppard, 체코 출신의 영국 극작가)

엉뚱한 사람이 성폭행 살인 용의자가 되다

2건의 10대 소녀 강간 살인 혐의자로 지목된 불량배 리처드 버클랜드는 교수형에 처할 상황에 이르렀다. 그러나 다행히도 구세주가 나타났다. 삶과 죽음이 교차하는 순간까지 갔을 때 그를 구제한 것은 DNA 지문(유전자 지문) 기술이었다.

1983년 11월 23일 영국 나보르라는 작은 마을에서 강간 살인 사건이 일어났다. 당시 15세였던 여중생 린다 만이 한적한 오솔길에서 목이 졸려 죽은 채 발견됐다. 또한 심하게 성폭행을 당한 흔적도 있었다.

경찰이 수집한 유일한 단서는 범인이 여학생의 몸속에 남긴 정액이 전부였다. 수사 팀은 정액을 분석하여 범인의 혈액형이 A형이라는 것을 알아냈다. 그러나 그 이상 수사의 진전은 없었다.

3년이 지난 후 비슷한 사건이 또 일어났다. 역시 15세의 여중생 돈 애쉬워드가 성폭행을 당한 뒤 살해된 채 발견됐다. 장소는 앞서 살해된 린다의 시신이 발견된 지점으로부터 불과 약 1.5㎞ 정도 떨어진 오솔길이었다.

이번에도 피해자의 몸에서 범인의 정액이 검출됐다. 수사 팀은 이 정액을 과학수사 연구소에 보냈다. 이번 범인의 혈액형 역시 린다 사건 범인의 혈액형과 같은 A형이라는 사실이 밝혀졌다. 수사 팀은 두 사건 모두 같은 사람의 소행이라고 결론지었다.

수사 팀은 유력한 용의자로 리처드 버클랜드를 지목했다. 그는 직업이 없었고 종종 성추행 혐의로 유치장을 드나들었으며 마을에서도 행실이 좋지 않기로 소문난 불량 청년이었다. 수사 팀은 처음부터 그를 지목해 수사를 벌였다. 마침 묘하게도 그의 혈액형 역시 A형이었다.

하지만 아무리 다그쳐도 버클랜드는 모든 것을 부인했다. 희생자들과 전혀 면식도 없으며 죽이지도 않았다는 것이다. 결국 경찰은 도움을 청하기 위해 레스터 대학의 문을 두드렸다. 그곳에는 유전학 교수로 DNA 지문을 발견한 주인공 앨릭 제프리스(Alec Jeffreys, 1950~)가 근무하고 있었다.

DNA 지문 기술에 의존해 문제를 해결하다

경찰은 희생자의 몸에 묻은 혈흔이나 정액을 검사해 달라고 앨릭 제프리스 박사에게 요청했다. 제프리스 박사가 유전자 지문 기술을 개발했다는 소식은 학계를 넘어 대중에게도 널리 알려져 있었지만 한 번도 이 기술을 범죄 수사에 사용한 적은 없었다. 그러나 제프리스 박사는 자신이 있었다.

그런데 놀라운 상황이 벌어졌다. DNA 지문을 비교한 결과 두 사건은 동일범의 소행이라는 사실이 밝혀졌다. 그리고 용의자 버클랜드는 사건과 전혀 무관한 것으로 나타났다. 경찰의 강압적인 심문으로 인해 용의자가 거짓 자백했다는 것이 입증된 셈이다.

알렉 제프리스 © Jane Gitschier

이것이 DNA 지문 기술을 수사에 이용한 최초의 사례다. 물론 경찰은 이후 DNA 테스트를 이용해 수사망을 빠져나간 진범 콜린 피츠

버그를 체포하는 데 성공했다. 이를 계기로 DNA 지문 기술은 더욱 큰 명성을 얻게 됐고 법적 증거로 채택되는 계기가 됐다. 과학수사 분야에 일대 혁명을 일으킨 것이다.

가족의 DNA도 서로 배열이 다름을 발견하다

1984년 9월 10일의 일이다. 그날 제프리스 박사는 그가 몸담고 있던 레스터 대학 연구실에서 개인마다 각기 고유한 유전자 배열, 즉 DNA 지문이 있다는 거대한 발견을 이룩했다.

그날 오전 10시경 유전학 교수인 그는 자신을 돕고 있던 기술자 빅토리아 윌슨(Victoria Wilson)과 그녀의 부모, 세 사람을 상대로 DNA를 조사하고 있었다. 당시 제프리스는 유기체의 독자적인 DNA 서열 부분(minisatellite, '미소부수체'라고도 함)에 대해 연구하고 있었다. 그는 모든 사람이 저마다 다른 특징을 가지는 이유가 무엇인지 유전자 연구를 통해 밝히려고 노력 중이었다.

각기 세 사람의 유전자 배열을 하나씩 현미경으로 들여다보던 그는 예상치 못한 결과를 포착했다. 현미경 속에서 본 세 사람의 DNA 배열이 각각 다르다는 사실을 확인한 것이다. 이것이 왜 놀라운 일일까? 가족이라도 DNA의 유전자 배열이 다르다는 뜻이기 때문이다. 이는 가족이 아니라면 유전자 배열은 더욱더 다를 수 있다는 의미이며, 이러한 유전자 암호를 통해 동일한 사람인지 아닌지를 가

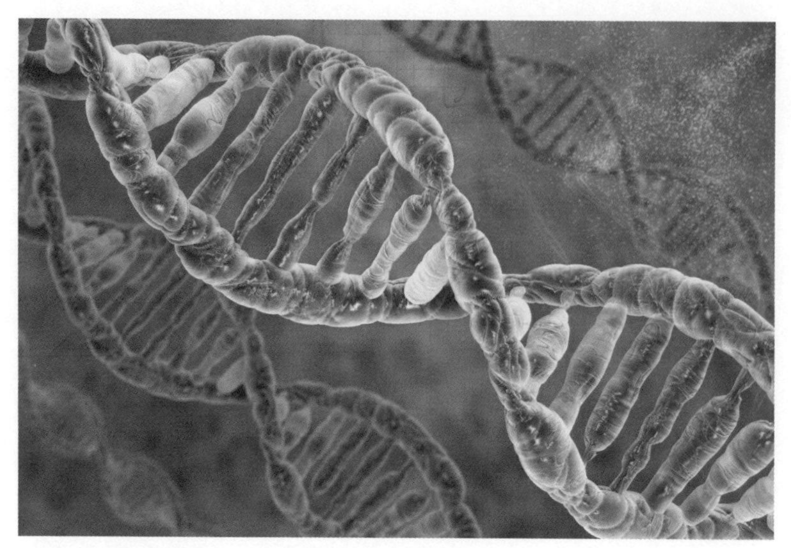
DNA의 이중나선구조.

려낼 수 있다는 뜻이다. DNA 지문 기술은 이렇게 탄생했다.

조금만 더 부연 설명을 들어 보자. 우리 몸의 모든 세포 속에는 두 가닥으로 꼬여 있는 사다리 같은 DNA 분자가 있다. 이 사다리의 가로 막대 부분에 염기쌍이 자리 잡고 있는데 이들의 배열이 각기 다른, 인간의 정보를 제공한다. 제프리스는 바로 이 DNA 배열(또는 염기 서열)이 사람마다 다르다는 것을 발견한 것이다.

동일인 여부, 친족 관계를 가려내다

그는 기대하지도 않았던 이 놀라운 결과를 바탕으로 논리를 전개했고 이렇게 결론을 내렸다.

"아하, 사람마다 각기 다른 유전자 암호의 차이점을 이용한다면 생물학적으로 그 사람이 누구인지 분간해 낼 수 있구나!"

아마 아르키메데스처럼 소리를 지르며 하얀 가운을 입고 거리를 질주하고 싶은 그런 기분이었을 것이다. 그러나 그는 냉정을 찾으려고 애를 썼다.

"DNA 지문으로 친자 확인 소송이나 범인을 검거하는 데 사용할 수 있겠어. 이걸 특허 내면 큰돈도 벌 수 있겠구나! 그래, 내가 해내고 말았어!"

이때 그는 DNA 배열이 사람의 지문처럼 제각각 다르다는 뜻에서 DNA 지문이라고 이름 붙였다.

그가 기대한 것처럼 이 기술은 과학수사 분야에 엄청난 혁명을 불러일으켰다. 비단 과학수사뿐이 아니다. 친자 확인, 고고학 연구에서도 DNA 지문은 필수가 됐다. 돈방석에 앉는 것은 시간 문제였다. 몇 년 후 그는 어마어마한 부를 거머쥘 수 있었다.

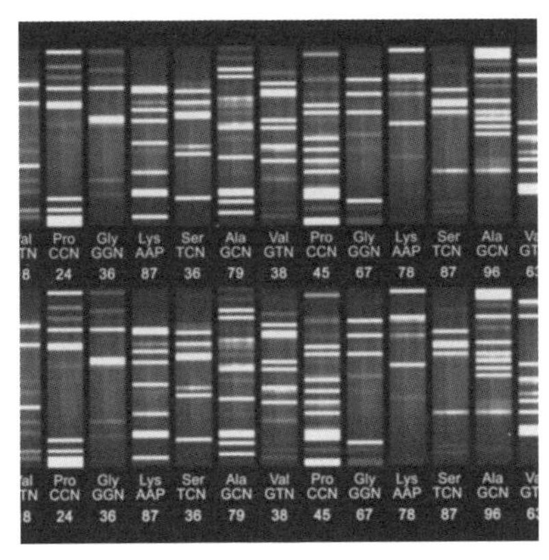

DNA 지문(DNA fingerprint).

생물학에 호기심이 많았던 엉뚱한 소년

제프리스는 어떻게 해서 이런 행운을 거머쥐게 되었을까? 먹고 자는 일을 잊어버릴 정도로 연구에 매달렸기 때문일까? 아니면 아무 생각 없이 복권을 샀다가 떼돈을 거머쥔 로또 당첨자처럼 행운의 여신이 그에게 미소를 보였던 탓일까?

독자들에게는 우연한 것처럼 보일 수도 있다. 그러나 우연히 일어나는 일은 결코 없다. 그 속에는 항상 원인과 결과라는 인과(因果)의 법칙이 있다. 대부분의 발견의 바탕에는 여러 해 동안의 힘든 연구와 과학적 사색 그리고 남다른 관찰력이 있다. 그리고 어릴 적 호기심과 상상력도 크게 작용한다.

제프리스 박사는 명문 대학에서 유명한 유전학 교수로 근무하고 있다. 하지만 그가 살아온 길을 더듬어 보면 그저 그런 평범한 학생이 아니었다. 학창 시절 동안 훌륭한 학교에서 수준 높은 교육을 받았지만 결코 모범생이 아니었던 것이다. 오히려 어릴 때는 대단한 괴짜 학생이었다.

제프리스 박사는 영국 옥스퍼드에서 태어났다. 그는 어렸을 때부터 과학에 대한 호기심이 많았고 재능도 남달랐다. 훗날 성인이 된 그가 과학에 몸담을 수 있었던 데에는 가족의 영향이 매우 컸을 것이다. 왜냐하면 그의 할아버지와 아버지는 특허권을 사고파는 사업에 종사했기 때문이다.

특허의 기발함이나 사업성을 판단하기 위해서는 과학을 비롯해 다양한 분야의 식견이 필요하다. 그의 할아버지와 아버지는 훌륭하게 사업을 운영했고, 덕분에 그의 집안은 비교적 부유했다. 제프리스도 유복한 어린 시절을 보낼 수 있었다.

8세 때 약품으로 폭탄을 만들다

그가 8세가 되던 해에 그의 아버지는 아들에게 커다란 '화학 키트(chemistry kit)'를 사 주었다. 그리고 약국에서 농축된 황산 한 병도 사 주었다. 당시만 해도 황산 판매에 대한 규제는 그렇게 심하지 않았다.

어린 제프리스는 화학약품들을 서로 섞으면서 각종 실험을 하는 게 재미있었다. 그는 어디에선가 들은 지식을 이용해 폭탄을 만들려고 했다. 그러다가 황산이 턱에 튀어 커다란 화상을 입었다. 그는 성인이 된 후 상처를 가리기 위해 턱수염을 길렀다. 그의 수염은 어린 제프리스가 그만큼 괴짜 어린이였다는 사실을 단적으로 보여 주는 증거이다.

그의 괴이한 호기심은 여기에서 그치지 않는다. 9세가 되던 해에는 아버지가 아주 비싼 빅토리아 황동 현미경을 사 주었다. 그는 현미경을 가지고 노는 재미에 푹 빠졌다. 아마 생물학에 대한 관심이 이때 싹트기 시작한 것으로 보인다.

길에서 주운 죽은 고양이를 해부하다

아버지는 제프리스에게 소형 동물 해부 키트도 사 주었다. 그래서 처음에는 주로 벌과 같은 곤충들을 구해 해부했다. 그는 곧 조그만 동물에 싫증을 느꼈고 큰 동물을 해부해 보고 싶었다. 하지만 마땅한 동물을 구할 수 없었다.

어느 날 제프리스는 수업을 마치고 집으로 돌아가는 길이었다. 그런데 길에서 죽은 고양이를 발견했다. 훌륭한 해부 대상이라고 생각한 그는 고양이를 종이에 말아 가방에 넣어 집으로 가져왔다. 그는 적당한 때가 되기를 기다렸다가 부엌에서 몰래 보관해 두었던 고양이를 해부하기 시작했다. 일요일 점심을 앞둔 시간이었다. 썩어 가는 고양이의 쾌쾌한 냄새가 집 안에 진동했다.

고등학교를 졸업하고 나서도 괴짜다운 행동은 끝나지 않았다. 그는 명문 대학에 들어가기 위한 예비 교육기관에서 수업을 받으면서도 1960년대의 유행을 좇는 '모드(Mod)'이기도 했다. 모드는 '모더니스트(modernist)'의 준말로 당시 젊은이들이 좋아하는 음악과 생활 스타일을 일컫는 말이다.

오토바이와 히피 문화에 빠지다

제프리스는 150cc짜리 오토바이를 끌고 다녔으며 나중에는 성에 차지 않아 350cc로 바꿀 정도로 오토바이광이었다. 항상 파카 재킷을 입고 머리를 길게 늘어뜨리고 다녔으며 히피 문화에도 푹 빠져 있었다. 광적으로 로큰롤을 좋아하는 로커이기도 했다.

2008년, DNA 지문을 발견한 제프리스 박사는 그 공로로 세계 최고의 기술상이라고 할 수 있는 '밀레니엄 기술상(Millennium Technology Prize)'을 받았다. '범죄 용의자의 신원 확인, 친자 확인, 입국 심사 때 논란을 해결하는 데 이용되는 DNA 지문을 발명했다. 어떤 첨단 유전학 기술도 전 세계적으로 수백만 명의 삶에 이처럼 커다란 영향을 미치지 못했다.'는 것이 선정 이유였다.

제프리스는 노벨상의 영예를 안지 못했다. DNA 지문은 이론보다 기술에 가까웠기 때문에 노벨상과는 다소 거리가 멀었다. 그러나 DNA 지문은 어떤 노벨 과학상 수상자의 업적보다 세상에 더 많은 영향을 끼쳤으며 명성 또한 그렇다.

어쨌든 과학수사에 일대 혁명을 가져온 그는 평범한 어린이가 아니었다. 평범한 학생이 아니었고, 평범한 과학자도 아니다. 극적으로 표현하자면 괴짜 인생을 살아온 과학자였다. 그 괴짜 과학자가 '일을 낸 것'이 오늘날의 DNA 지문인 것이다.

끈질긴 집념 속에서 얻은 거대한 영감

바바라 매클린톡와 '튀는 유전자'

"늘 충분한 시간을 갖고 관찰하라. 사람들은 노벨상이 나의 과학적 노력을 보상했다고 한다. 그러나 내게 진정으로 보상해 준 것은 노벨상이 아니라 옥수수다. 옥수수는 나에게 생명의 비밀을 알려 주었다."

톡톡 튀는 여성 과학자의 위대한 발견, '튀는 유전자'

톡톡 튀는 여성이었기 때문에 유전학 분야에 새로운 변화를 안겨 준 톡톡 '튀는 유전자(Jumping Genes)'를 발견할 수 있었던 것일까? 그렇다. 시대를 앞서간 여성 과학자라면 당연히 톡톡 튀는 여성이었을 것이다.

1983년 '튀는 유전자'를 발견해 노벨 생리의학상을 수상한 여성

과학자 바버라 매클린톡(Barbara McClintock, 1902~1992)의 업적을 살펴보면, 노벨상을 수상하는 일이 어쩌면 간단한 것처럼 보일지도 모르겠다.

"옥수수를 보면(삶았을 때) 다 노랗다. 그런데 하나의 옥수수를 잘 관찰해 보면 군데군데 검정색, 혹은 보라색 옥수수알들이 섞여 있다. 왜 그런 알들이 있는 걸까? 모두 노랗지 않고 왜 색깔이 다른 알들이 생기는 걸까?"

매클린톡의 의문은 여기에서 그치지 않았다. 색깔이 다른 알들이 섞여 있다는 것은 원래부터 그랬다고 치자. 그렇지만 왜 그 씨앗에서 나오는 후손 옥수수들에게서는 검정색, 보라색 알의 위치가 다를까? 혹시 옥수수 유전자 가운데 일부가 다른 곳으로 '점프'한 것은 아닐까? 그래서 별난 색을 가진 알들의 위치가 달라진 게 아닐까? 그녀가 이러한 관찰을 연구 논문으로 만들고 인정받기에는 꽤 오랜 세월이 걸렸다.

유전자는 꼭 안정적이지만은 않다

원래 혈기 왕성하고 독립심이 강한 데다 탐구 능력까지 뛰어났던 그녀는 과학자가 되면서 그 가치를 더욱 인정받기 시작했다. 그녀는 유전의 가장 기본적인 단위라고 할 수 있는 유전자가 안정적이지 않다고 생각했다. 왜냐하면 염색체 구조가 마치 끈에 달려 있는 구슬처럼 배열되어 있다는 것을 발견했기 때문이다. 그리고 유기체 속에 존재하면서 유기체에 다양한 변화를 일으키는 원인이 유전적 요인이라는 것을 알게 되었다.

매클린톡의 연구는 혁신적이었다. 그러나 그녀가 주장한 '뛰는 유전자'의 비전은 환영받지 못했다. 전 세계의 과학자들이 매클린톡의 연구를 이해하는 데에는 무려 30년이라는 세월이 필요했다. 유전학자들은 결국 그녀의 업적의 중요성을 인정했고, 그녀는 1983년 노벨 생리의학상을 수상했다.

매클린톡은 시대를 뛰어넘은 여성 과학자들 가운데 한 명이다. 남들보다 조금 앞서서 연구했지만 당시의 사람들에게는 전혀 인정받지 못했다. 주변 과학자들은 냉담한 반응을 보였고, 한동안 무시를 당하고 미친 소리로까지 취급당했다.

1960년대 말까지 대부분의 과학자들은 유전자가 생명의 비밀을 간직한 열쇠라는 점에 동의하고 있었다. 그러나 매클린톡은 유전자의 배열 방식에 대해 다른 생각을 갖고 있었다. 그녀는 옥수수 세포 속 유전자 가운데에서 원래의 자리를 이탈해 이리저리 옮겨 다니는 '뛰는 유전자'가 있다는 사실을 발견했다.

DNA 정보는 바뀌지 않는다고 믿었던 당시 과학자들

당시 과학자들은 유전자가 차곡차곡 쌓인 벽돌처럼 늘 제자리를

바바라 매클린톡 © Adam Cuerden

지키는 것으로 믿었다. 생명체의 정보는 언제나 DNA에서 RNA를 거쳐 단백질로 흘러가므로 DNA에서 비롯된 정보는 결코 바뀌지 않는다는 논리였다.

고정된 자리를 지키던 유전자가 갑자기 대열을 이탈해 다른 자리로, 심지어 개별 염색체들 사이로 이리저리 옮겨 간다는 매클린톡의 주장은 상식 밖의 발상이었다. 더욱이 그녀는 이런 유전자의 역할을 스위치에 비유하여, 다른 유전자의 활동을 끄고 켠다고 설명했다. 유전자를 끄고 켜는 조정 능력 때문에 유전자가 다른 염색체로 이동한다는 것이었다. 1951년 매클린톡은 유전학 심포지엄에서 자신이 발견한 연구 결과를 발표했지만 참석자들은 침묵과 무관심으로 일관했다.

2년 뒤인 1953년 제임스 왓슨과 프랜시스 크릭이 DNA 구조를 밝히면서 유전정보는 DNA에서 일방적으로 전달된다는 '중앙통제론'이 확고하게 자리를 잡았다. 그래서 그녀의 연구 성과는 여전히 폄하될 수밖에 없었다.

매클린톡이 연구할 때 사용한 현미경과 옥수수.

매클린톡은 많은 학자들이 자신의 연구 결과를 이해하지 못하는 데에 매우 놀랐고 크게 실망했다. 결국 그녀는 자신의 연구 결과를 학술지에 논문으로 발표하는 것을 포기했다. 설상가상으로 그녀가 도달한 결론의 배경을 충분히 이해하려면 이 분야의 해박한 지식이 필요했지만, 옥수수 유전학에 대한 관심이 희박해지면서 관련 연구자도 점차 줄어들었다. 그러나 매클린톡은 좌절하지 않았다. 그녀는 자연의 이치와 생명의 아름다움에 충실한 과학자로 평생을 옥수수 유전 연구에만 몰두했다.

노벨상보다 더 고마운 것은 옥수수였어요

이후 10여 년의 세월이 흐르는 동안 전혀 엉뚱한 곳에서 해결의 실마리가 풀리기 시작했다. 다른 연구자에 의해 박테리아의 '게놈(Genom)'에서 일부 유전자가 튀어나오는 현상이 관찰된 것이다. 이

별난 유전자의 활동은 매클린톡이 관찰한 유전자의 조정 능력을 암시했다. 기존의 중앙통제론으로는 복잡한 생명현상을 설명할 수 없음이 확인된 것이다.

동물에게서도 유전자의 일부가 옮겨 다니는 현상이 관측됐다. 쥐의 혈액 중 항체를 만드는 DNA는 무수히 다양한 형식으로 유전자가 재배열된다는 점이 밝혀졌다. 항체의 생김새가 다양한 까닭은 유전자의 무한한 재배열 덕분이었던 것이다.

나아가 암이 발생하는 원인도 염색체의 구조가 바뀐 결과라는 사실이 밝혀졌다. 또한 인체의 면역계가 수많은 항체를 만들어 낼 수 있는 것도 유전자가 뒤섞이기 때문이었다. 이로 인해 현재 각종 질병 치료 분야에서는 매클린톡이 발견한 튀는 유전자 개념이 유용하게 활용되고 있다.

황당한 여자가 꾸며 낸 헛소리로 치부되던 유전자의 자리바꿈 현상은 어느덧 논란의 여지가 없는 확실한 이론으로 정립됐다. 점차 매클린톡에 대한 세간의 관심이 커지면서 그녀의 은둔자로서의 삶은 깨지기 시작했다.

1978년 미국 브랜다이스 대학은 "매우 훌륭한 업적에도 불구하고 매클린톡 박사는 단 한 번도 공식적인 인정을 받거나 명예를 얻은 적이 없었다."며 그녀에게 '로젠스틸 상'을 수여했다. 또 1979년에는 미국 록펠러 대학교와 하버드 대학교에서 각각 그녀에게 명예박사 학위를 헌정했다.

노벨상 수상보다 중요했던 호두 줍기

마침내 1983년 10월 10일, 스웨덴 한림원에서 그해 노벨 생리의학상을 매클린톡에게 수여하기로 결정했다는 방송이 라디오를 통해 흘러나왔다. 노벨상 역사상 여성의 단독 수상은 그녀가 처음이었다. 그녀의 연구실 전화는 하루 종일 벨이 울렸다. 하지만 그녀는 라디오를 끄고 여느 날과 다름없이 산책을 하며 떨어져 있는 호두를 주웠다.

유명 인사가 되는 바람에 오히려 차분히 자신의 일을 할 수 없게 됐다고 속상해했다는 매클린톡은 노벨상 수상식에서도 그녀다운 모습을 유감없이 드러냈다. 시상식장에 평소 입는 푸른 작업복과 낡은 구두 차림으로 들어섰던 것이다. 평생 독신이었지만 누구보다 행복한 삶을 살았다고 자부하는 81세의 할머니는 다음과 같이 노벨상 수상 소감을 밝혔다.

"나 같은 사람이 노벨상을 받는 것은 참 불공평한 일입니다. 나는 옥수수를 연구하는 동안 모든 기쁨을 누렸으니까요. 아주 어려운 문제였지만 옥수수가 해답을 알려 준 덕분에 이미 충분한 보상을 받았답니다."

초등학생이었던 매클린톡은 공부나 숙제를 하는 것보다 이웃 남자아이들과 야구 경기를 하는 것을 더 좋아했다. 그녀는 체구가 아주 작았다. 성인이 되어서도 약 153㎝의 키에 몸무게는 41㎏밖에 되지 않았다.

그러나 그녀는 건강했다. 스케이팅과 테니스, 배구와 야구 등 모든 운동을 좋아했다. 그녀는 남자아이들로 구성된 운동부의 유일한 여자였다. 이때의 경험은 그녀에게 중요한 교훈을 심어 주었다.

그녀는 1902년생으로 '여자는 절대로 남자와 동등하게 대접받지 못한다.'는 환경 속에서 살았다. 그러나 자신은 '남자아이들이 인정해 준 유일한 여자아이'라는 것을 깨달았다. 어떤 곳에서 어떻게 행동하느냐에 따라 달렸다는 것을 깨달은 것이다.

나는 옥수수와 하나가 됐지요!

그녀의 이야기 중 재미있는 일화가 있다. 1920년대 미국 코넬 대학 인근의 어느 미장원에서 '긴 머리가 좋은가, 짧은 머리가 좋은가' 하는 문제를 놓고 미용사와 장시간 철학적인 토론을 나눈 후, 그녀는 결국 자기 머리를 바짝 올려 짧게 깎아 달라고 요청했다.

다음날 대학 교정은 발칵 뒤집어졌다.

'여자 머리가 저게 무슨 꼴이냐?'며 여기저기서 수군거리고 난리가 났다. 게다가 다른 여학생들은 모두 치렁치렁한 긴 치마를 입고 다녔는데, 농과 대학에 다니던 그녀는 야외 실습 때 치마를 바지로 수선해 입고 다녔다. 옥수수밭에서 일할 때마다 긴 치마가 불편했기 때문이다.

톡톡 튀는 여성 과학자가 발견한 '튀는 유전자', 그녀는 유별났을

지 모른다. 그러나 시대를 뛰어넘은 과학자였다. 언제나 옥수수밭에 가서 옥수수와 하나가 되었고, 직관과 통찰을 통해 유전자의 신비를 풀었다.

그녀에게 노벨상은 순수하고도 끈질긴 집념의 보상이다.

"싹이 나올 때부터 그 식물을 바라보잖아요? 그러면 나는 그걸 혼자 내버려 두고 싶지 않았어요. 싹이 나서 자라는 과정을 빠짐없이 관찰해야 정말로 안다는 느낌이 들었어요. 내가 밭에 심은 옥수수는 모두 그랬어요. 정말로 친밀하고 지극한 감정이 생겼지요. 식물들과 그렇게 깊은 관계를 맺는 게 나에게는 큰 기쁨이었어요. 내가 비록 시인은 아니지만 아마 시인들은 이 말이 무슨 뜻인지 잘 알 겁니다."

의문과 의문 속에서 해법을 찾다

카를 란트슈타이너와 ABO 혈액형

"무지에 도전할 수 있는 강력한 소독약이 있다. 과학은 우리 시대의 가장 큰 희망을 주는 주인공이다. 그리고 우리로 하여금 새로운 미신과 과거의 미신에 완전히 젖어 드는 것으로부터 벗어나게 해 준다."

– 버트런드 러셀(영국의 철학자, 문필가, 정치가)

수많은 목숨을 구한 혈액형의 비밀

사람의 생명과 관련된 혈액형의 분류가 얼마나 중요한지 실감하는 사람은 많지 않다. 수혈이 필요할 정도로 다급한 상황에 처하는 경우가 그리 많지 않기 때문이다. 더욱이 오늘날의 혈액은행들은 시스템이 잘 갖추어져 있다.

우리는 종종 '새로운 피, 젊은 피의 수혈이 필요하다'는 표현을 들을 수 있는데 특히 스포츠 분야에서 자주 사용된다. 좋은 성적을 내던 팀의 주축 선수들이 나이가 들어 기량이 떨어지고 성적도 나빠지면 이런 표현으로 전력 보강을 염원하곤 한다. 또한 더 좋은 성적을 올리기 위해 새로운 자극이 필요하다는 점을 강조하는 표현이기도 하다. 그런데 왜 하필이면 피에 비유하게 되었을까?

그건 아마도 15~16세기에 활발했던, 새로운 피를 수혈하여 생명을 연장시키려는 인간의 욕망에서 비롯되었을 것이다.

16세기 잉카 인들의 수혈

수혈은 건강한 사람에게서 채취한 혈액 또는 그 성분을 환자의 혈관 속으로 주입하는 치료법이다. 하지만 수혈은 최근에 생겨난 처치 방법이 아니다. 16세기 스페인의 정복자들이 페루의 잉카 제국을 침입했을 때 잉카 사람들은 이미 환자에 대한 처치로 수혈을 활용했다는 기록이 있다. 그러나 당시 잉카 인들이 어떤 식으로 수혈을 하고 있었는지에 대해서는 확실하게 알려진 바가 없다.

성경은 아담과 이브를 최초의 인류로 꼽는다. 그러나 성경의 모태가 되는 유대 설화에는 이브에 앞서 첫째 아내인 릴리스(Lilith)라는 여성이 등장한다. 성정이 자유분방해 여러 남자를 좋아하는 바람둥이였고 질투도 많았다고 한다. 결국 신의 노여움을 받아 에덴

동산에서 쫓겨난 그녀는 원한을 품고 황야를 헤매면서 특히 어린아이의 신선한 피를 빨아 먹는 흡혈귀가 되었다. 흡혈귀만 되지 않았다면 아마 최초의 페미니스트로 기록되었을지도 모른다.

한편 16세기에 접어들면서 유럽의 의사들도 건강한 사람들에게서 뽑은 피를 환자에게 수혈하는 노력을 하기 시작했다. 수혈은 환자를 살리는 데 있어서 가장 중요한 수단이었기 때문이다. 당시만 해도 해로운 피를 체외로 방출하고(防血, 방혈) 다시 새로운 피를 수혈하는 것은 치료에서 중요한 부분을 차지했다.

대부분의 수혈 환자들이 죽음에 이르다

미국의 조지 워싱턴 대통령은 방혈로 목숨을 잃은 사람 가운데 한 명이다. 1799년 워싱턴 대통령은 감기로 인해 후두염을 앓게 되었는데 당시 최신 치료법으로 알려진 방혈을 하다가 피를 너무 많이 흘려 숨진 것으로 전해진다.

그런데 이야기가 크게 부풀려져서 워싱턴이 피에 대한 미신을 믿는 의사 때문에 죽었다는 이야기로 변형되기도 했다. 핏속의 더러운 악령을 쫓아내기 위해 방혈이라는 의식을 행하다가 출혈이 너무 심해 목숨을 잃었다는 이야기였다.

어쨌든 결과는 대부분 처참했다. 수혈을 받은 환자들 중 상당수가 심한 고열로 통증을 호소하다가 세상을 떠났다. 의사들은 한 사

카를 란트슈타이너.

람의 피가 다른 사람의 피와 양립할 수 없기 때문에 일어나는 현상이라고 생각하게 되었다. 물론 수혈을 통해 건강을 회복한 환자도 더러 있었다.

의사들은 사람의 피를 모아 섞는 실험을 여러 차례 진행했다. 그러나 섞인 피들은 끈적끈적한 덩어리로 변했으며 결국에는 완전히 응어리가 되어 버렸다. 그 이후 100여 년 동안 의사들 사이에서 수혈하는 관행은 사라졌다. 수혈을 통한 치료는 완전히 잊힌 방법처럼 보였다.

그러나 완전히 사라진 것은 아니었다. 질병을 치료하는 여러 방법 중에서 수혈이 거의 배제되었을 즈음 혜성처럼 나타난 영웅이 있었다. 바로 오늘날의 ABO식 혈액형을 발견한 오스트리아의 의학자 카를 란트슈타이너(Karl Landsteiner, 1868~1943)다.

혈액 연구에 집중하기 위해 의사 활동을 접다

란트슈타이너가 외과의사로 근무하면서 혈청학과 면역학을 공부할 때만 해도 수술 환자의 절반이 죽어 나갔다. 의사가 아무리 수술을 잘해도 수혈이라는 마지막 과정을 거쳐야 했다. 그러나 혈액의 구분이 없었기 때문에 어쩔 수 없이 나쁜 상황으로 이어지곤 했다.

그는 수술 과정에서 피가 부족해 목숨을 잃는 환자를 자주 목격했다. 이러한 상황 속에서 그는 커다란 의문을 품기 시작했다.

"다른 사람의 피가 환자의 피를 대신한다면 여러 사람을 살릴 수 있을 텐데! 과연 방법이 없는 걸까?"

그의 의문은 다시 이어졌다.

"왜 다른 사람의 피는 소수의 경우를 제외하면 또 다른 사람의 피와 화합할 수 없는 걸까? 그리고 왜 어떤 경우에는 탈이 없는 걸까? 혹시 사람의 피에 어떤 특별한 성질이 있기 때문에 서로 어울리거나 어울리지 못하는 게 아닐까? 일단 무언가 특별한 성질 때문에 어울리거나 그렇지 못한다고 가정해 보자. 그러면 이 특별한 성질을 알아낼 수 있는 방법은 무엇일까? 그 방법만 알아낸다면 같은 성질의 피를 가진 사람들끼리 위급할 때 피를 주고받아도 아무런 문제가 없을 거야!"

란트슈타이너는 결국 의사 활동을 접고 모교인 비엔나 대학교 위생연구소에서 혈액 연구에 몰두하기 시작했다. 1901년 혈액 응고의 원인이 무엇인지 연구를 시작한 그는 끈질긴 집념을 불태웠고 결국

1년 만에 그 해답을 내놓을 수 있었다.

그는 자신의 피와 다른 동료들의 피 샘플을 수집했다. 그리고 그 샘플들을 서로 섞어 어떤 반응이 일어나는지, 수백 차례에 걸친 혼합 실험을 실시했다. 그의 거대한 의문과 끈질긴 연구가 결실을 맺게 된 것이다.

응고반응 '제로'여서 O형

결국 피는 ABC(A형, B형, C형) 세 가지 형태로 나뉜다는 것을 알게 되었다. C형은 나중에 O형으로 명칭이 바뀌었다. 왜 O형으로 바꿨을까? 신기하게도 다른 혈액형을 만나도 굳어지는 현상이 나타나지 않았기 때문이다. 그래서 '응고 반응 제로'라는 의미에서 C형을 O형으로 바꾼 것이다. 오늘날 사람들이 O형을 '남성다운 혈액형'이라고 부르는 것도 이러한 이유에서다. 그러나 정말 남성다운 혈액형인지에 대해서는 과학적으로 증명된 바가 없다.

사람의 혈액형을 세 가지로 분류할 수 있다는 사실이 발표된 후 다음해인 1902년에 AB형이 새로 발견되면서 이로써 ABO식 혈액형 체계가 완성되었다. 그리고 ABO식 혈액 분류법은 수많은 환자를 죽음에서 구했다. 또한 1904년 혈액을 장기간 보관할 수 있는 혈액 저장 창고 시스템의 개발로 혈액 부족 때문에 환자가 사망하는 경우가 매우 줄어들었다. 특히 제1, 2차 세계대전을 겪으면서 수많은 병사들을 죽음의 순간에서 구하는 데 중요한 역할을 했다.

'피의 공포와 미신'에서 인간을 해방시키다

피의 역사는 인간의 역사만큼 길다. 피가 인체에서 중요한 역할을 한다는 사실을 알게 되면서 사람들은 다른 사람의 피를 뽑아내어 자신의 몸에 바르기도 하고 직접 먹기도 했다. 특히 고대에는 전쟁 포로를 죽인 후 그들의 피를 마시기도 했다. 산 채로 제사를 지낸 후 이러한 의식을 행했다고 한다.

인간은 피에 대해 두려움을 느끼는가 하면 깊은 미신을 갖고 있기도 하다. 그러나 버트런드 러셀의 지적처럼 란트슈타이너는 ABO식 혈액형을 발견함으로써 그러한 미신을 물리칠 수 있었다. 인간을 피에 대한 공포로부터 해방시킨 것이다.

란트슈타이너는 1868년 오스트리아 빈에서 태어났다. 그의 아버지는 유명한 기자이자 신문사 편집장이었다. 그는 6세 때 아버지를

란트슈타이너의 모습이 들어간 오스트리아 1천 실링 지폐.

잃었지만 집안 형편이 넉넉해 의학 공부를 할 수 있었다. 그리고 그 공부가 성에 차지 않아 화학도 공부했다.

그는 졸업 후 모교인 빈 의과대학에서 조교로 일하면서 수술과 같은 외과 의학보다 혈액 연구에 매달렸다. 의학의 주류 분야에서 벗어나 혈액과 혈청 연구처럼 임상의학 발전을 위해 일생을 보내게 된 것이다. 아마도 이럴 수 있었던 계기에는 화학에 대한 호기심과 인간에 대한 애착심이 크게 작용한 것으로 보인다.

혈액형은 성격과는 전혀 관계가 없다

혈액형과 성격의 연관성에 대해 이야기해 보자. 혈액형과 성격이 관련 있다는 이야기에는 과학적인 근거가 전혀 없다. 대부분의 국가에서 혈액형과 성격의 연관성을 믿지 않는다. 그러나 유독 우리나라와 일본 사람들은 혈액형이 특징적인 성격을 좌우한다고 믿는 경우가 많다.

혈액형과 관련된 비과학적인 이야기는 또 있다. 바로 인종의 우월성을 다룬 우생학이 그것이다. 20세기 초 유럽에서는 우생학이 유행했었다. 주로 백인이 다른 인종보다 우월하다는 생각을 학문적으로 입증하려 들었다.

ABO식 혈액형에 대한 지식이 널리 퍼지자 1910년대 독일 하이델베르크 대학의 폰 둥게른(Emile von Dungern) 박사는 「혈액형의 인류학」이라는 논문을 통해 혈액형에 따른 인종 우열 이론을 발표했다. 더러워지지 않은 순수 유럽 민족, 즉 게르만 민족의 피는 A형이 많고 검은 머리와 검은 눈동자의 아시아 인종에게는 B형이 많다고 주장했다. 또한 A형은 우수하지만 이에 반해 B형은 뒤떨어지기 때문에 B형이 많은 아시아 인도 뒤떨어진 인종이라는 논리를 펼쳤다.

1916년 독일로 유학을 다녀온 일본인 의사 키마타 하라는 혈액형과 성격을 연관 짓는 조사 논문을 발표했다. 덕분에 일본의 육군과 해군에서는 1925년부터 병사들의 혈액형을 기록하기 시작했다. 이러한 정보가 병사들의 강점과 약점을 파악하는 데 유용할 것이라고 믿은 것이다. 실제로 1937년 외무성 관련 업무를 맡아보던 한 의사는 O형인 사람이 더 훌륭한 외교관이 될 수 있다는 내용을 보고서로 작성하기도 했다.

ABO식 혈액형은 피를 많이 흘린 환자가 위험한 지경에 이르렀을 때 수혈이 가능한지, 어떤 피를 수혈할 것인지 여부를 알기 위한 수단일 뿐이다. 그런데 이런 4가지 혈액형 분류만으로 인간의 성격이나 가능성은 물론이고 인류의 비밀이 담긴 게놈까지 파악한다는 게 가능하기나 할까? 아마도 장님이 코끼리의 코를 만지는 것보다도 못한 발상일 것이다.

집념에 불타는 권투 선수의 위대한 발견

허블과 우주팽창이론

"인간은 오감(五感)만 잘 갖춰져 있다면 우리를 둘러싼 우주가 무엇인지 탐험할 수 있다. 오감만 잘 이용하면 관찰을 통해 자연의 비밀을 파헤칠 수도 있다. 어떤 사람들은 ('공상과학'과는 다른) '모험과학'이라고 부른다."

– 에드윈 허블

우주의 팽창을 직접 목격한 학자

현대 천문학 분야에 거대한 이정표를 세운 에드윈 허블(Edwin Powell Hubble, 1889~1953)의 우주팽창이론(cosmic expansion theory)은 사실 순전히 그의 오감에 의해서 탄생했다. 그는 망원경으로 우주를 관찰하던 어느 날 마치 전율을 느낄 정도로 큰 감동과 환희에 빠지고 말았다. 그리고 이렇게 외쳤다.

"아, 은하가 적색 쪽으로 이동하고 있어! 은하가 멀어지고 있는 거야! 우주가 풍선처럼 팽창하고 있는 거야! 그러다가 터지면 어떡하지?"

우주팽창이론이 탄생하는 순간이었다. 그의 지론처럼 오감 가운데 하나인 '건전한 눈'으로 이 거대한 이론을 발견해 낸 것이다.

에드윈 허블.

'허블' 하면 무엇이 떠오르는가? 아마 하늘을 관측하는 거대한 망원경인 허블 망원경을 생각할 수 있을 것이다. 그런데 이 망원경은 산꼭대기에 위치한 천문대에 있는 것이 아니다. 인간이 쏘아 올린 일종의 인공위성이다.

그래서 "이번 휴가에는 미국에 가서 허블 망원경을 구경하고 올까?"라고 말한다면 비웃음을 살지도 모른다. 그러나 "이번 휴가에는 우주여행을 하면서 허블 망원경이 어떻게 생겼는지 보고 올까?" 라고 말한다면 맞는 표현이다. 우리는 민간 우주여행 시대를 코앞에 두고 있으니까 말이다.

우리와 은하 세계를 연결하는 허블의 아바타

허블 망원경은 우주와 은하의 모습을 우리에게 보내 주는 가교 역할로써 그야말로 아름다움의 극치를 선사한다. 허블 망원경을 통해서 만나는 우주의 신비는 끝이 없다. 형형색색의 모습은 어떤 화가의 그림보다 탁월하게 아름답다.

나선형이나 소용돌이 형태를 한 은하 사진을 가만히 들여다보면 그 속으로 영원히 빠져들 것만 같다. 그 속의 수많은 별들이 뿜어내는 파랗고 검고 붉은 색들의 조화는 어떤 미술가도 흉내 내지 못할 것이라는 생각이 든다.

20세기가 낳은 가장 위대한 천문학자 허블은 외부 은하 연구의

허블 우주 망원경 © NASA

선구자로 인정받으며 우주가 팽창하고 있다는 증거를 처음으로 제시했다. 아마 허블도 은하의 아름다운 모습에 감동을 받아 돈 잘 버는 변호사 직업도 팽개치고 하늘과 감미로운 대화를 나누는 천문학자의 길을 걷게 되었을 것이다.

지름 2.4m, 무게 12.2t, 길이 13m의 허블 망원경은 지구 대기의 간섭을 받지 않고 우주를 관측하기 위해 제작되었으며 미 우주왕복선 디스커버리호에 실려 하늘에 올랐다. 그리고 569㎞ 상공에서 97분마다 한 바퀴씩 지구를 선회하면서 멀고먼 우주를 관측한다. 그간 몇 번의 수리 과정을 거치는 우여곡절을 겪었지만 지상에 있는 천체망원경보다 10~30배의 해상도를 가진 사진을 충실히 전송하고 있다. 또한 우주와 은하의 움직임을 시시각각 지구의 관측소로 보내 주고 있다. 이 덕분에 인류는 우주의 역사를 들여다보면서 그 비밀을 캐는 데 한 발짝 더 다가설 수 있었다.

천문학과 물리학에 열광했던 권투 선수

1889년 미국 미주리 주에서 태어난 허블은 어렸을 때부터 할아버지 마틴 허블로부터 천문학에 대한 지식을 배웠다. 고등학생 때 별과 행성의 아름다움에 감동을 받고 화성에 관한 글을 썼는데 이 글이 지방 신문에 실렸다. 당시 스승이었던 해리엇 그로트 부인은 허블이 이 시대의 가장 뛰어난 학자 중 한 명이 될 것이라고 했다.

허블은 원래 수학, 물리학, 천문학 등 기초과학 분야에서 세계적으로 권위가 높은 시카고 대학에서 수학과 천문학을 공부하려고 했다. 그러나 아버지의 강요로 법률학을 공부하게 되었다. 그러나 물리학과 천문학을 별도로 수강해 천문학자의 꿈을 키워 나갔다.

허블은 시카고 대학에서 노벨 물리학상 수상자이자 스펙트럼선 연구의 최고 권위자인 로버트 밀리컨과 긴밀한 관계를 유지했다. 그리고 밀리컨의 추천으로 가장 영예로운 장학금이라고 할 수 있는 로즈 장학금을 받게 되었다. 허블은 영국의 옥스퍼드 대학으로 교정을 옮겼다. 그러나 부모님의 강요로 또다시 법률을 전공하게 되었다.

중학교 때부터 권투를 시작한 허블은 과학보다 운동에 대단한 재능이 있었다. 달리기 등 각종 육상 경기에서 여러 번 입상할 정도로 능력이 대단했다. 그래서 주위 사람들은 허블을 보면 운동선수로 성공할 거라고 말하곤 했다. 그는 전미 고등학교 육상 대회에서 6번이나 우승할 정도로 실력이 출중했다. 일리노이 주 체전에서는 높이뛰기 최고 기록을 세울 정도였다. 운동선수가 갖춰야 할 기초 체력과 재능이 탁월했다.

육상에서의 재능을 기초로 권투를 계속한 허블은 시카고 대학 재학 중에도 권투 선수로서 출중한 실력을 인정받아 선수로 유명해졌다. 단단한 몸은 물론이고 발놀림이 하도 민첩해서 그를 따라잡을 선수가 없었다. 다부진 몸매 그리고 쏜살같이 치고 빠지는 그의 실력은 프로 선수를 능가했다.

일견 천문학자와 권투 선수는 별로 어울릴 것 같아 보이지 않지만 공통점이 있다. 일에 대한 열정과 끈질긴 집착 그리고 굽힐 줄 모르는 인내심이다. 그래서 허블은 "열정이 없는 사람은 결코 천문학에 입문할 자격이 없다."는 말을 남기기도 했다.

허블은 다부진 몸매로 체격이 좋았다. 인상은 강했지만 얼굴도 잘생겨서 많은 여학생에게 인기가 많았다. 게다가 시카고 대학은 미국에서도 유명한 명문 대학이다. 그래서 주위의 부러움을 많이 샀다. 하지만 그는 그런 것에 연연하지 않고 링에 올랐다. 링은 '사각의 정글'이라고도 불린다. 상대를 때려눕히지 못하면 내가 얻어맞아 쓰러지기 때문이다. 정글의 법칙은 죽기 아니면 살기다. 권투를 사랑했던 허블이 위대한 발견을 하게 된 배경에는 권투를 통해 터득한 집념의 철학이 크게 작용했던 것은 아닐까?

천문학을 위해 변호사의 길을 포기하다

졸업 후에는 그렇게 좋아했던 권투와 천문학에서 완전히 손을 뗐다. 그리고 영국으로 건너가 옥스퍼드 대학에서 법률을 공부해 1912년 학사 학위를 취득했다. 법률가로서의 길을 모색한 것이다. 영국에서 돌아온 그는 1913년 켄터키 주에서 법률가로 일했으나 곧 싫증을 느껴 그만두었다. 자신이 진정으로 좋아하고 특기라고 여겼던 운동에 대한 미련이 남았기 때문이다. 그래서 그는 인디애나에 있는 뉴알바니 고등학교에서 체육 선생님으로 근무하며 농구부 코치를 맡기도 했다. 하지만 이내 포기했다. 그의 마음 한구석에 자리하고 있는 우주에 대한 열정이 식지 않았기 때문이다.

학문의 통섭은 최근의 이슈만이 아니다. 언제 어디서든지 존재했다. 과학과 인문학이라는 구분은 어떤 면에서 피상적인 분류에 지나지 않는다. 끝이 없는 의문과 회의 그리고 사유를 통해 탄생하는 하나의 법칙이라는 부분에서 다를 바가 없다.

과학의 법칙은 자연의 질서이고 이론인 반면, 법률의 법칙은 사람과 사람 사이의 바람직한 질서다. 그리고 법(law, rule)이 기본적인 상식에 근거한다면 그 상식은 사람과 자연, 모두에게 두루 통할 수가 있다.

'법 법(法)'이라는 한자는 '물 수(水)'와 '갈 거(去)'의 합성어다. 그래서 법은 물이 높은 곳에서 낮은 곳으로 흐르는 것처럼 하나의 진리, 또는 정의라고 규정한다. 그러나 법의 원래 뜻은 변하지 않고 그러면서 오류가 없는 자연의 질서, 즉 자연의 이치를 의미한다.

불교적인 해석에 따르면 법의 세계는 우리가 살고 있는 자연 세계다. 그리고 법은 자연의 이치인 동시에 진리를 의미한다. 그래서 자연의 본질이라고 할 수 있는 법성(法性)은 융합을 넘어 원융(圓融, 한데 통하여 구별이 없는 상태)하다고 주장한다. 모든 것이 관계가 있다는 통합과 통섭의 개념이다.

훗날 아인슈타인은 허블의 천재적인 업적을 이렇게 평가했다.

"그는 헤아릴 수 없을 정도로 심오한, 천재 중의 천재다. 은하에 대한 단순한 사고와 상상력만으로 우주가 우리 눈에 비치는 겉모습과는 전혀 다르다는 걸 발견한 양반이다."

법률가와 체육 선생님을 전전하던 허블의 마음속 고향은 무수한 별, 은하와 대화하면서 무한한 상상력의 나래를 펼 수 있는 우주였다. 결국 그는 천문학으로 귀향한다. 여러 방면에 재능이 있었던 허블은 모든 것을 접고 천문학 연구가 천직이라는 걸 알게 되었다. 모교인 시카고 대학으로 돌아가 여키스 천문대에서 일을 시작했다. 그러면서 천문학 박사 학위도 받았다.

그런 와중에 제1차 세계대전이 일어났다. 운동을 잘했던 그는 장교로 지원했고, 활약을 인정받아 불과 몇 년 만에 소령으로 진급했다. 전쟁이 끝난 후에는 여키스 천문대를 떠나 카네기재단이 운영하는 윌슨 산 천문대에 근무했다. 이곳에서는 망원경으로 밤하늘을 관측하는 시간이 더 많아졌다. 이를 바탕으로 외부 은하와 관련한 연구를 시작했고 그의 천재성이 발휘될 수 있었다.

1923년 10월 허블이 윌슨 산에 온 지 4년이 되는 어느 날, 그는 100인치짜리 망원경으로 안드로메다대성운을 관측하였다. 당시 관측 여건은 최악이었다. 허블은 40분간 노출하여 안드로메다대성운의 사진을 찍었다.

다음날 사진을 현상하자 거기에서 단순한 흠집이거나 혹은 신성이라고도 볼 수 있는 점이 발견되었다. 허블은 그 점이 신성임을 확인하기 위해 안드로메다대성운을 5분간 노출하여 사진을 찍었다. 이번에도 그 점이 사진 위에 나타났다. 그리고 신성일 가능성이 있

지구로부터 약 250만 광년 떨어진 안드로메다은하.

는 2개의 점을 더 발견했다. 그는 그중에서 두 번째 점이 신성임을 확신했고, 세 번째 점은 세페이드 변광성임을 밝혀냈다.

허블은 자신이 발견한 세페이드 변광성을 이용하여 지구에서 안드로메다대성운까지의 거리를 추정했다. 그 결과는 놀라웠다. 지구에서 안드로메다대성운까지의 거리가 약 90만 광년이라는 결과를 얻었기 때문이다. 우리 은하(내부 은하)의 지름인 10만 광년보다 훨씬 먼 거리였다. 외부 은하의 존재를 입증한 놀라운 발견이었다.

섀플리-커티스 논쟁에 종지부를 찍다

그는 안드로메다대성운이 우리 은하 밖에 존재하는 또 다른 은하

(안드로메다은하)임을 증명함으로써 오랫동안 학계의 뜨거운 감자였던 섀플리-커티스 논쟁을 끝냈다. 이 논쟁은 소용돌이 모양의 나선 성운의 본질과 우주의 크기에 대하여 천문학자 할로 섀플리와 히버 커티스 사이에 벌어진 논쟁을 일컫는다. 기본적인 논점은 성운들이 우리 은하 내부에 위치하는지, 아니면 외부에 위치한 별개의 은하인지를 밝히는 것이다.

이 두 학자 간의 결투는 1920년 4월 26일 스미소니언 자연사박물관의 베어드 강당에서 열렸다. 낮에는 두 학자가 우주의 규모에 대해 각자 저술한 논문을 발표했고, 저녁에는 합동 토론회에 참가했다. 이때 발표된 논문들은 상대방 주장에 대한 반론까지 덧붙여 〈국립연구협의보〉 1921년 5월호에 정식으로 실렸다.

섀플리는 우리 은하, 즉 은하수가 우주의 전체라고 보았으며 나선 성운의 하나인 안드로메다는 단순히 우리 은하의 일부분이라고 믿었다. 그는 안드로메다은하가 우리 은하 내에 있지 않는다면 그 상대적인 크기를 바탕으로 계산했을 때 우리 은하에서 안드로메다 은하까지의 거리가 약 108광년이 될 것인데, 이것은 사실상 불가능하다는 논리를 폈다.

네덜란드 출신의 미국 천문학자인 아드리아 판 마넌도 섀플리의 주장을 뒷받침하는 관측 결과를 내놓았다. 마넌은 당시에 상당히 존경받는 천문학자였다. 그는 큰곰자리에 있는 나선 은하인 바람개비 은하의 회전을 관측할 수 있다고 주장했다.

만약 바람개비 은하가 실제로 아주 멀리 떨어져 있는 별개의 은

하이고 그 움직임을 지구에서 몇 년 내로 관측할 수 있다면, 별들의 실제 공전 속도는 빛의 속도보다 커야 한다. 하지만 이는 '어떤 물체도 빛보다 빠르게 운동할 수 없다'는 물리법칙을 위배한다.

새플리가 자신의 주장을 뒷받침하기 위해 제시한 또 다른 관측 결과는 안드로메다은하에서 발견된 새로운 종류의 신성이었다. 이 신성은 심지어 자신이 속해 있는 안드로메다은하 자체보다 밝아진 적도 있다. 만약 커티스의 주장대로 안드로메다은하가 우리 은하 밖, 아주 멀리 위치하고 있다면 이 신성이 내는 에너지는 당시로써는 상상조차 할 수 없을 만큼 큰 값을 가져야 한다. 그리고 그것은 불가능하기 때문에 안드로메다은하가 우리 은하 내에 위치한 것이 옳다고 주장했다.

반면에 커티스는 안드로메다와 나선 성운들은 우리 은하 밖에 존재하는 다른 은하, 소위 '섬 우주(Island universe)'라고 주장했다. 이 '섬 우주'라는 표현은 역시 같은 발상을 가지고 있던 철학자 이마누엘 칸트가 만들어 낸 용어이다.

허블의 연구 결과는 커티스의 손을 들어 주었다. 1924년 2월 허블은 섀플리에게 자신이 발견한 결과를 편지로 알렸고, 섀플리는 "이것이 내 우주를 파괴한 편지다."라고 말했다. 1924년 워싱턴에서 열렸던 미국 과학진흥협회 회의에서 허블의 성과가 발표되었다. 덕분에 허블은 그 회의에서 가장 뛰어난 논문에게 수여되는 1천 달러의 상금을 받았다.

아, 적색으로 이동하고 있다!

허블의 업적은 무수히 많지만 그중 대표적인 것이 우주팽창이론이다. 우주가 팽창한다는 사실을 발견함으로써 우주의 영역이 점점 더 커지고 있다는 것을 증명했다. 그러면 거대한 우주가 커지고 있다는 걸 어떻게 알았을까? 대단한 수학 공식이나 방정식을 통해서가 아니다. 망원경을 통해 육안으로 확인했다.

그러면 우주 팽창이 뭘까? 이렇게 생각해 보자. 망원경으로 우주를 관찰하면 가까운 은하는 밝고 움직이지 않는 것처럼 보이는데, 멀리 있는 은하들은 희미하고 빠르게 멀어지는 것처럼 보이는 현상이다.

또 평소에는 아주 선명하게 잘 보이다가 시간이 지나면서 희미하게 보이는 현상이다. 그리고 망원경을 통해 볼 수 있는 '화면'에 평소보다 더 많은 별이 등장하는 현상이다.

이 이야기는 우리(지구)와 은하의 세계가 점점 멀어지고 있다는 증거이다. 멀어지고 있다는 건 결국 팽창하고 있다는 것과 동일하다. 물론 어려운 도식도 많겠지만 허블이 주장한 우주팽창이론을 간단히 설명하면 이렇다.

그런데 여기에 적색이동, 스펙트럼, 허블 상수 등 어려운 말이 등장한다. 천문학자들은 망원경을 통해 우주를 이야기한다. 그리고 거기에 수학과 물리학을 적용시킨다. 여기에서 탄생한 것이 천체물리학이라는 새로운 학문이다.

적색이동은 지구와 은하가 멀어진다는 의미

천문학자들은 천체를 관측할 때 망원경을 통해 육안으로 보는 경우도 있지만 분광기라는 걸 사용하기도 한다. 관찰자는 그 속에서 대상에 따라 '빨주노초파남보'의 각각 다른 일곱 가지 무지개 색을 볼 수 있다. 그것이 바로 스펙트럼이다.

그런데 이 스펙트럼을 통해 나타나는 색은 별의 성질을 파악하는데 중요한 역할을 한다. 예를 들어 별빛을 분석하면 그 별이 어떠한 원소로 이루어져 있는지, 수명은 얼마나 되었는지, 지구와의 거리는 얼마인지 계산할 수 있다.

예를 들어 보자. 노란 백열등의 불빛을 분광기로 보면 일곱 가지 무지개 색 중 노란색이 가장 강하게 나타난다. 그런데 이 백열등을 우리로부터 매우 빠른 속도로 멀어지게 하면 백열등의 색깔은 황색에서 적색으로 변한다. 다시 말해서 은하가 적색이동을 한다는 것은 우리로부터 멀어지고 있다는 의미이다. '이동'이라는 말이 어려우면 변화나 변동으로 해석해도 무방하다.

허블은 망원경을 통해 계속 관찰하면서 은하의 스펙트럼이 적색 쪽으로 이동한다는 사실을 알게 되었다. 적색이동은 멀어지고 있다는 뜻이고, 멀리 떨어진 은하일수록 멀어지는 정도가 크게 나타난다는 것은 우주가 팽창하고 있다는 증거이다.

아인슈타인이 지적한 것처럼 그저 무심결에 넘어갈 수 있는 사실을 '헤아릴 수 없을 정도로 심오한 천재' 허블이 짚어 낸 것이다. 이 우주팽창이론은 우주의 기원을 설명하는 빅뱅 이론의 기초가 되었다는 점에서 큰 가치를 지닌다.

허블은 적색이동, 은하와의 거리와 관련된 공식을 만들었다.

$$v=Hr$$

은하가 우리로부터 얼마나 빨리 멀어지고 있는가(후퇴속도 v)를 구하기 위해 은하까지 거리(r)와 허블 상수(H)를 연관 지어야 한다. 허블은 이러한 업적으로 유력한 노벨 과학상 후보가 되었지만 결국 인연이 닿지 못했다.

우주의 역사는 멀어지는 지평선의 역사다

이런 질문이 생길 수도 있다.

"우주가 계속해서 팽창한다면 어디까지 팽창할 것인가? 달도, 태양도 멀어져야 하는 것 아닌가? 결국 오리온자리, 황소자리도 보이지 않게 되는 것 아닌가? 풍선을 계속 불면 한없이 커지다가 결국 터지는 것처럼 우주도 터져 버리고 다 죽게 되는 건가?"

사실 우주가 언제까지 팽창할지, 얼마나 더 넓어질지 뚜렷한 해답을 내린 학자는 없다. 그러나 허블은 이 문제에 대하여 이런 말을 남겼다.

"우주의 역사는 한마디로 멀어지는(후퇴하는) 지평선들의 역사라고 할 수 있다."

우주왕복선 디스커버리호 © NASA

세상만사가 이와 마찬가지일 것이다. 노벨상도 인연이 닿아야 수상할 수 있다. 얄궂은 표현으로 재수가 좋아야 한다. 스웨덴의 노벨상 심사위원회는 허블의 '천체물리학에 대한 가치 있는 공헌'을 인정해 노벨 물리학상을 주기로 결정했다. 하지만 안타깝게도 그때는 이미 허블이 세상을 떠난 지 3개월이 지났을 때였다. 노벨상은 세상을 떠난 이에게는 수여되지 않는다. 그것이 노벨상의 선정 철칙이다. 지대한 공로를 세웠지만 일찍 세상을 떠나는 바람에 노벨상을 받지 못한 경우도 많다.

어쩌면 우리가 보는 밤하늘(우리 은하)을 넘어 외부 은하를 탐험하면서 광대무변(廣大無邊)한 우주와 대화를 나누었던 허블에게는 노벨상이 큰 의미가 아니었을 수도 있겠다. 우주의 먼지보다 작은 인간들의 덧없고 부질없는 탐욕이나 장난에 불과하다고 여겼을 수도 있겠다.

무덤도 없고 유품도 남기지 않은 과학자

허블은 1953년 9월 28일 캘리포니아 산마리노에서 뇌혈전증으로 세상을 떠났다. 아내 그레이스는 장례도 치르지 않았고 그의 시신을 공개하지도 않았다. 남편이 장례식을 치르지 말고 이름 없는 무덤으로 남거나 화장을 원했기 때문이다. 그래서 지금까지도 그의 유해가 어디에 모셔져 있는지 아무도 모른다.

현대 천체물리학 분야에서 위대한 족적을 남긴 허블. 하지만 오히려 자신의 족적이 남는 걸 한사코 반대한 과학자. 그는 밤하늘의 별과 은하수가 아니라 그 너머에 있는 외부 은하를 연구한 탐험가였다. 그리고 넓디넓은 우주에 비한다면 인간은 티끌에 불과하다는 것을 깨달았을 것이다. 그렇다. 허블이야말로 어떤 사상가와 철학자보다 우리에게 뭉클한 감동을 주는 과학자인 셈이다. 허블은 여전히 존재한다. 그의 아바타인 허블 망원경이 우리와 우주를 연결해 주는 눈 역할을 톡톡히 하고 있다.

"우리는 우리가 왜 이 세상에 태어났는지 아무리 노력한다고 해도 알 수 없다. 그러나 우리는 과연 우주가 어떤 종류의 것인지 알기 위해 노력할 수는 있다. 적어도 물리학적인 차원에서 말이다."

이것이 바로 허블의 굳은 신념이자 철학이었다.

납 오염 연구가 선물한 위대한 깨달음

클레어 패터슨과 지구의 나이

1947년 지구의 진짜 나이를 찾아 나선 한 남자가 있었다. 시작부터 극복하기 힘든 난관에 부딪혔지만 수년에 걸친 노력 끝에 지구의 나이를 밝히는 데 성공한다. 한 과학자의 끈질긴 집착과 노력이 이룩한 위대한 업적이었다.

지구의 나이를 규명한 납 오염 연구자

그 과학자는 연구를 하는 과정에서 중대한 위협을 발견했다. 1960년대 미국의 경기는 최대 호황이었고 삶은 어느 때보다 즐거웠다. 그러나 그는 풍요를 구가하는 사람들이 보이지 않는 위험에 처했다는 것을 알게 되었다. 그래서 그는 어떤 대가를 치르더라도 그 위험을 제거하기 위해 다시 한 번 끈질긴 싸움을 시작했다. 납 중독으로부터 인류를 해방시키기 위한 노력이었다.

역사상 종교계와 과학계가 서로 치열하게 대립하는 주제가 있다. 어떤 식으로든 양보가 불가능한 부분이라 현재까지도 의견이 분분하다. 특히 종교계에서 양보를 한다면 종교적 논리를 부정하는 셈이 되는 문제다. 그것은 진화론과 지구의 나이를 둘러싼 논쟁이다.

진화론과 지구의 나이 문제는 얼핏 보기에는 관련이 없어 보인다. 그러나 실은 아주 깊은 관련이 있다. 이미 1800년대에 다윈을 포함한 여러 진화론학자들이 성서에서 말하는 지구 나이에 의문을 품었다. 성서에 적혀 있는 대로라면 지구의 나이는 진화의 과정을 설명하기에는 턱없이 짧기 때문이다.

다윈은 고등 생물의 진화가 이루어지려면 적어도 수백만 년의 세월이 필요하다고 보았다. 그리고 과학자들도 이에 동의했다. 하지만 유대교, 기독교 차원에서 볼 때 지구의 나이는 5,000살 정도다. 넓게 보아 6,000살이라는 주장도 있다. 기독교의 지구 나이는 성서의 창세기를 바탕으로 하여 아담 이후의 연대를 역산한 개념이다. 다시 말해서 최초의 인간이라는 아담 가계의 족보를 추적하여 계산한 나이인 셈이다. 최근 일부 창조신학자들은 '젊은 지구론'을 주장했는데 이에 따르면 지구의 나이는 여전히 1만 년 미만으로 보고 있다. 이처럼 지구의 나이는 신학자들 사이에서조차 논쟁이 되고 있는 주제이다.

진화론을 주장하는 과학자만 관심을 가지는 주제가 아니다. 천체물리학이 발달하면서 다양한 분야의 학자들이 지구와 우주의 나이에 대해 관심을 갖게 되었다. 그들은 우주의 나이가 지구의 나이에 비해 엄청나게 오래되었을 것이라고 믿었다.

하지만 입증할 방법이 없었다. 다시 말해 심증(心證)만 있지, 물증(物證)이 없었다. 지구의 나이가 약 46억 년이라는 사실을 과학적인 방법을 동원해 확실히 입증한 것은 아주 최근, 제2차 세계대전이 끝난 후의 일이다. 현재는 지구의 나이가 약 46억 살이라는 주장에 이의를 제기하는 사람은 많지 않다. 하지만 이를 어떻게 알아냈는지 질문을 받으면 머뭇거리기 마련이다. 그러면서 슬며시 내놓는 대답이 '탄소연대측정법'이다.

6,000년 이상은 밝히지 못하는 탄소연대측정법

탄소연대측정법은 고고학 분야에서 유골이나 유물, 또는 어떤 특정 물체와 물질의 나이를 알아내는 데 가장 흔히 쓰이는 방법이다. 방사성탄소를 이용하여 연대를 측정하는 방법으로 간단하며 비교적 정확하다는 장점이 있다. 이 방법은 탄소의 동위원소인 '탄소-14'의 반감기를 이용한다.

우리 주위에서 가장 흔한 원소 중 하나인 탄소 중에는 질량이 14인 방사성동위원소가 있다. 우주에서 날아오는 우주선 속에 섞여 있던 중성자가 질소의 원자핵과 충돌하면 방사성동위원소인 탄소-14가 만들어진다. 탄소-14는 불안정한 원자핵이므로 붕괴하여 보통의 질소 원자핵으로 바뀐다. 탄소-14가 보통의 질소로 붕괴하는 반감기는 약 5,730년이다.

식물은 대기로부터 이산화탄소를 흡수하여 광합성 작용을 통해 유기화합물을 만들어 낸다. 따라서 금방 만들어진 유기화합물에는 공기와 같은 비율의 방사성탄소가 포함되어 있다. 그러나 생물체 내의 방사성탄소의 양은 시간이 지날수록 그 양이 줄어든다.

따라서 나무와 뼈, 옷가지 등 탄소를 포함하는 시료만 구할 수 있으면 이 시료 속에 포함되어 있는 방사성탄소의 양을 측정해서 이 시료가 만들어진 때로부터 얼마나 시간이 지났는지 알 수 있다. 윌러드 리비(1908~1980)는 탄소의 동위원소인 탄소-14를 고고학 연대 측정에 사용한 공로로 1961년에 노벨 화학상을 수상했다.

지질학적 연대는 방사성원소측정법을 사용

반감기가 5,730년인 탄소-14에 의한 방법은 불과 수천 년 전의 유물의 연대만을 측정할 수 있을 뿐이다. 지구 나이를 측정하는 데 도움을 줄 수 있는 지질학적 연대는 유적이나 유물의 연대와는 비교할 수 없을 정도로 길기 때문에 반감기가 매우 긴 방사성원소를 이용해야 한다.

미국의 지질학자이자 환경운동가인 클레어 패터슨(Clair Cameron Patterson, 1922~1995)은 자신의 업적만큼 명성을 얻은 과학자는 아니다. 평범한 사람들은 지구의 나이가 46억 살이라는 것을 알면서도 이를 규명한 사람이 누구인지는 잘 모른다.

패터슨이 위대한 업적을 성취하게 된 것은 납과의 인연에서 비롯되었다. 당시만 해도 납이 인체에 미치는 영향에 대해서는 별로 알려진 것이 없었다. 시카고 대학 재학 당시 화학도였던 그는 납이 인체에 해로울 뿐만 아니라 환경을 오염시키는 대표적인 중금속이라는 사실을 알게 되었다.

물론 그는 지구의 나이를 정확하게 규명했지만 대부분의 세월을 납 연구에 보냈다. 어쩌면 그의 업적은 지구의 나이를 최초로 측정한 것보다 납이라는 중금속의 실체를 대중에게 알린 것이 더 가치가 큰지도 모르겠다. 공업의 발달로 인해 대기와 인체에 납 농도가 높아지는 현상이 발생했는데, 납 오염에 대한 그의 연구 덕분에 그 위험성을 깨달을 수 있었기 때문이다. 또한 이를 계기로 납 오염에 대한 전면적인 재평가가 이루어졌다. 이후 진행된 납 추방 운동은

클레어 패터슨.

휘발유와 식품 저장 용기에 땜납의 사용을 금지하도록 만드는 데 큰 역할을 했다.

맨해튼 프로젝트에 참가하다

패터슨은 미국의 원자폭탄 개발 계획인 맨해튼 프로젝트에 참여했다. 그렇다면 우라늄과 납과의 상관관계를 누구보다 잘 알았을 것이다. 원자폭탄의 원리는 우라늄이 핵분열을 하면서 발생하는 에너지를 이용한 무기라는 것, 우라늄의 붕괴 과정에서 납이 생성된다는 사실도 이해했을 것이다.

방사성동위원소는 오랜 세월을 두고 서서히 붕괴해 간다. 불안정한 방사성동위원소가 한꺼번에 붕괴하지 않고 서서히 붕괴하는 이유는 무엇일까? 이것은 20세기 초 양자물리학이 등장하기 전에는 설명할 수 없었던 문제였다.

양자물리학은 고전역학과 달리 자연현상을 확률적으로 해석한다. 양자역학을 이용하면 불안정한 원자핵이 일정한 기간 동안에 붕괴할 확률을 계산할 수 있다. 양자역학은 이러한 계산을 통해 불안정한 원자핵이 오랜 기간을 두고 천천히 붕괴해 가는 과정을 성공적으로 설명해 냈다.

모든 방사성원소는 반감기가 있다. 반감기는 방사성동위원소가 붕괴할 확률이 50%가 되는 기간을 말한다. 우라늄의 반감기가 약

45억 년이라는 것은 우라늄 하나가 다음 45억 년 동안에 붕괴할 확률이 50%라는 것을 뜻한다.

예를 들어 지금 100개의 우라늄 원자가 있다면 45억 년 후에는 50개만 남는다는 뜻이다. 그리고 90억 년 후에는 50개의 반인 25개의 우라늄 원자만 남게 될 것이다. 만약 원자가 나이를 먹는다면 반감기는 존재할 수 없다. 다행히 원자는 나이를 먹지 않는다. 조금 전에 만들어진 원자나 100억 년에 만들어진 원자나 모두 똑같은 붕괴 확률을 갖는다. 따라서 원자의 절반이 붕괴되는 데 걸리는 시간인 반감기는 항상 일정하다.

더구나 방사성원소의 반감기는 원자핵 속의 양성자와 중성자의 비율에 의해 결정되기 때문에 원자의 화학적 상태나 물리적 조건에 따라 달라지지 않는다. 따라서 방사성동위원소는 과거에 있었던 지질학적 사건이나 기후 변화의 영향을 받지 않고 시간의 흐름을 알려 주는 완전한 시계인 셈이다.

최초로 지구 나이를 측정한 과학자는 러더퍼드

우라늄의 방사성동위원소를 이용하여 지구의 나이를 최초로 측정한 사람은 영국의 실험물리학자이자 원자핵을 발견한 어니스트 러더퍼드(Ernest Rutherford, 1871~1937)였다. 패터슨의 발견보다 이른 1929년, 러더퍼드는 '우라늄-235'의 반감기가 약 7억 년, '우라늄-238'의 반감기가 약 45억 년이라는 것을 밝혀내고 이를 바탕으로 지구의 나이를 계산했다. 자연에서 발견되는 우라늄의 대부분은 우라늄-238이다. 러더퍼드는 처음 지구가 형성되었을 때 우라늄-235와 우라늄-238의 양이 같았을 것이라고 가정하고 서로 다른 반감기에 의해 현재와 같은 비율이 되는 데 얼마나 걸리는지 그 시간을 계산한 것이다.

그는 이러한 계산 결과를 바탕으로 지구의 나이가 약 34억 살이라고 주장했다. 그러나 그가 제시한 지구의 나이는 과학자들 사이에서 진지하게 받아들여지지 않았다. 당시에는 우라늄의 반감기가 확실한지 알 수 없었고, 태초에 우라늄의 존재 비율이 같았다는 가설도 쉽게 받아들일 수 없었기 때문이다.

그러나 지질학적 시계를 발견하려는 노력은 새로운 방향에서 돌파구를 찾을 수 있었다. 질량 분석기를 발명하여 여러 가지 동위원소를 분리해 낸 프랜시스 애스턴(1877~1945)은 자연에 존재하는 납에는 원자량이 각각 204, 206, 207, 208인 네 가지의 동위원소가 있다는 사실을 밝혀냈다.

어니스트 러더퍼드.

또한 그는 납-204를 제외한 다른 납의 동위원소들은 모두 방사성동위원소의 붕괴 과정에서 만들어지는 마지막 부산물이라는 것도 알아냈다. 우라늄-238은 긴 붕괴 과정을 거쳐 납-206을 만들어 내고, 우라늄-235는 납-207을 생성한다. 이제 암석 속에서 우라늄-238의 양과 납-206의 양 그리고 우라늄-235의 양과 납-207의 양을 알면 암석의 나이를 보다 정확하게 측정할 수 있다.

그러나 문제가 있었다. 최초에 암석이 만들어질 때부터 있었던 원시 납의 양을 알지 못하면 방사성이 남아 있는 우라늄의 양과 붕괴 생성물인 납의 양만으로 암석의 나이를 계산할 수 없다는 것이었다. 다시 말해서 최초의 암석은 무엇이며 최초의 원시 납은 무엇인가 하는 의문이 풀리지 않으면 안 되는 것이다.

과학자들은 원시 납의 양을 알아내어 지구의 나이를 정확하게 측정하기 위해 노력했다. 과학자들은 운석으로 눈을 돌렸다. 운석과 지구가 동일한 물질로 동일한 시기에 만들어졌다고 가정하고 연구에 착수했다.

그들은 운석에 포함된 납의 양을 원시 납의 양으로 가정하여 지구의 나이를 새롭게 계산하였다. 그 결과 지구의 나이는 45억 1,000~46억 6,000만 년이라는 결과가 나왔다. 우리가 아는 것과 얼추 비슷한 나이다.

그러나 과학적으로 또 다른 문제가 있었다. 운석 속에 포함된 납의 양을 지구 최초의 납의 양으로 가정하는 것이 과연 타당한가 하는 문제다. 운석과 지구가 동일하다고 볼 수 있는가 하는 의문에는 명쾌한 답을 주지 못했다.

운석은 왜 지구와 같은가?

이 문제를 해결한 학자가 바로 패터슨이다. 그는 어떻게 이 문제에 명쾌한 답을 내렸으며 정확한 지구의 나이를 측정할 수 있었을까? 이때 떠올려야 할 격언은 '하늘은 스스로 돕는 자를 돕는다'는 말일 것이다. 패터슨이 시카고 대학의 대학원생이었던 시절이다. 그의 논문 담당 교수인 해리슨 브라운은 납의 양을 측정해 지구의 나이를 알 수 있다는 아이디어를 처음으로 주장했다. 브라운 교수는 제자인 패터슨에게 졸업 과제로 납을 이용해 지구 나이를 측정해 보라는 숙제를 냈다. 그에게는 커다란 행운이었다.

그는 지구 나이 규명에 도전한 과학자들과 달랐다. 물론 운석 연구를 통해 지구 나이 측정에 도전한 것은 여느 과학자와 다를 바가 없었지만, 다양한 샘플을 연구했다는 점에서 달랐다. 그는 각기 다른 곳에서 채집한 3개의 (암석 성분을 가진) 운석과 2개의 (철 성분을 가진) 운석에 포함된 납의 양을 분석하고 비교했다. 그리고 이들이 모두 약 45억 5,000만 년에서 7,000만 년 전후의 나이를 가진다는 것을 밝혀냈다.

바닷속 가장 오래된 퇴적암도 운석과 비슷

그는 이것만으로 만족할 수 없었다. 6년 동안의 실험 과정을 거치면서 떠오른 아이디어가 있었다. 원시 바다를 떠올린 것이다.

"아하, 바다 깊은 곳에 퇴적된 해저 퇴적암에는 지각이 함유한 납의 평균값에 해당하는 납이 함유되어 있을 거야!"

이렇게 가정한 그는 태평양 해저에서 표본을 채취하여 분석했다. 그 결과 지구의 나이가 운석의 나이와 동일하다는 것을 밝혀냈다. 패터슨은 지구와 운석이 모두 약 45억 5,500만 년 전에 같은 물질로 만들어졌다는 결론을 내렸다.

결국 운석이란 태양계 형성 뒤에 남은 찌꺼기이며 따라서 운석의 연령을 측정하면 지구의 연령도 밝힐 수 있다는 논리를 정연하게 전개했다. 여기에 이의를 제기할 학자는 없었다. 결국 지구의 나이를 규명한 학자는 패터슨이 된 것이다.

캐니언 디아블로 운석 © Wikipedia

운석을 분석한 결과는 태양계 형성 초기의 물질을 연구하는 데 활용된다. 지구의 나이가 약 46억 년이라는 계산도 미국 애리조나 사막 한가운데에 떨어진 캐니언 디아블로 운석(탄소질 콘드라이트)을 분석한 결과였다. 패터슨은 1953년 이 운석을 재료로 삼아 방사선 동위원소 연대측정을 하였고 지구 나이를 밝혀내었다. 그 후 위스콘신에서 열리는 회의에서 패터슨은 자신의 연구 결과를 발표했다. 이렇게 지구의 연령은 45.5억 년을 기준으로 오차 범위를 7,000만 년에서 2,000만 년으로 줄일 수 있었고, 이 수치는 오늘날까지 변함이 없다.

납 중독에서 인류를 해방시킨 장본인

패터슨은 여기에 만족하지 않고 납 중독 연구를 계속했다. 그리고 납 중독 반대 운동에 앞장선 환경 운동가로 변신했다. 그는 공업적인 원인 때문에 환경과 식물의 납 오염 수준이 증대하는 문제를 대중에게 호소했다.

많은 비난과 압력에 시달렸지만 결국 그의 노력은 결실을 맺었다. 1973년 환경보호청(Environmental Protection Agency)은 미국이 사용하는 휘발유에 첨가하는 납의 60~65%를 단계적으로 삭감한다고 선언했다. 그리고 이러한 노력은 1986년 휘발유의 납 첨가를 완전히 제한하는 것으로 이어졌다. 1990년대 후반, 미국인의 혈중 납

농도는 80%까지 떨어졌다고 보고되었다.

그는 실험과 연구가 부족해 비교적 잘 알려지지 않은, 식품의 납 첨가 문제로 눈을 돌렸다. 당시 한 연구 보고에 따르면 비교적 신선한 물고기로 인식되었던 통조림 물고기조차 1그램당 0.3~1,400ng(나노그램)의 납이 포함되어 있다고 보았다. 또 다른 연구에서는 400~700ng이라고 보고하기도 했다.

그는 국가연구회의의 위원으로 임명되었고, 그의 의견은 78쪽의 반대 의견서에 담겼다. 그는 여기에서 휘발유, 식품 용기, 페인트, 유약, 수도관 등 우리 주변에서 쉽게 찾아볼 수 있는 각종 생활용품에 대해 즉각 규제 조치를 시작해야 한다고 주장했다.

30년이 지난 후 그의 주장은 대부분 국가정책으로 받아들여졌다. 미국과 세계의 많은 나라에서 그의 주장을 실행에 옮겼다. 정말 하늘은 스스로 돕는 자를 돕는다. 지구의 나이 규명이라는 업적은 인간의 소중한 생명을 위해 납 중독 연구에 헌신한 과학자에게 하늘이 내려 준 선물인지도 모른다.

융합 과학이 만들어 낸 거대한 혁명

오토 한과 핵분열

"여러분들께 희망하는 바가 있습니다. 우리의 발견을 전쟁 기술자들이 사용했다는 이유로 저희 과학자들을 비난하지 말기를 간절히 바랍니다. 과학자들은 전쟁 무기 개발에 전혀 책임이 없습니다. 책임이 있다면 전쟁 기술자들의 몫입니다."

—리제 마이트너(Lise Meitner, 1878~1968)

독가스 개발에 참여해 눈총을 받다

따지자면 그는 억세게 재수가 좋은 과학자였다. 핵분열을 발견하지 못했다면 수천 명을 죽인 '독가스 과학자'로, 히틀러에 충성을 맹세한 '악마의 과학자'라는 오명을 쓰고 비난의 대상이 됐을지도 모르기 때문이다.

오토 한(Otto Hahn, 1879~1968)은 대단한 화학자였다. 그러나 그는 당대 최고의 화학자로 명성을 날린 프리츠 하버와 함께 독가스 무기를 개발하였고 제1차 세계대전에서 처음으로 직접 사용한 과학자였다. 이로 인해 영국을 비롯한 연합국의 표적이 되기도 했다.

제1차 세계대전의 참혹상을 그린 영화 〈서부전선 이상 없다〉를 보면 독가스 살포 때문에 고통스럽고 비참하게 죽어 가는 병사들의 모습이 등장한다. 물론 독가스 개발을 직접 지휘한 것은 천재 화학자 하버였지만 오토 한도 적극적으로 가담했다.

하버는 오토 한의 스승 격이다. 두 사람은 당시 최고의 권위를 자랑하는 빌헬름 화학연구소(이 연구소는 전쟁 이후 막스플랑크협회로 이름이 바뀌면서 흡수 통합이 되었다)에서 동거동락했다. 오토 한은 하버와 함께 독가스 무기를 등에 지고 전선에 나가 적진을 향해 마구 뿌려 대기도 했다.

1930년대는 뉴턴의 고전역학이 그 힘을 잃고 소위 '거대과학'이 출현한 시기였다. 양자역학이라는 새로운 과학이 등장하고 더불어 인류가 핵에너지를 이용하게 되는 일대 전기가 마련되었다. 국가마다, 대학마다 명예를 짊어지고 핵 연구를 선점하기 위해 치열한 경쟁이 벌

리제 마이트너.

마리 퀴리(좌)와 폴란드에 위치한 마리 퀴리 박물관의 내부 모습(우).

어졌다.

이 기간 동안 영국 케임브리지 대학의 제임스 채드윅(James Chadwick, 1891~1974)은 중성자를 발견했다. 프랑스 파리의 마리 퀴리 부부는 인공 방사성원소를 합성하는 데 성공하여 '방사성 추적자' 기술을 이용한 다양한 실험이 가능하게 만들었다. 뿐만 아니다. 이탈리아 로마의 페르미 연구 팀은 중성자를 이용해서 수많은 원소의 핵변환을 일으키는 데 성공했다.

핵물리학 분야에서 일대 변혁을 일으킨 드라마

그러나 뭐니 뭐니 해도 핵물리학 분야에서 일대 변혁을 일으킨 드라마는 1938년 말 독일 베를린의 오토 한과 그의 제자 프리츠 슈트라스만(Fritz Strassmann, 1902~1980)이 발견한 우라늄 핵분열이다. 이로써 인류는 바야흐로 핵에너지 시대에 진입할 수 있게 되었다.

오토 한.

영국의 채드윅이 중성자를 발견한 뒤 수많은 과학자는 이 중성자를 원자에 충돌시켜서 핵변환을 일으키는 실험을 했다. 중성자는 전하가 없기 때문에 쉽게 원자핵 가까이 접근할 수 있었고, 따라서 핵을 쉽게 변환시킬 수 있었다. 당시의 과학자들에게 이 중성자는 아주 유용한 연구 수단이었다.

오토 한도 1930년대에 중성자를 원자에 충돌시켜 원자핵이 변환되는 것을 연구하던 수많은 과학자 중 한 사람이었다. 끈질긴 노력 끝에 1938년 말 그는 프리츠 슈트라스만과 함께 우라늄에 중성자를 쏘면 바륨이 생성되고, 여기서 2~3개의 중성자가 나와서 이것이 연쇄반응을 일으킨다는 놀라운 사실을 발견했다. 우라늄의 핵분열을 발견한 것이다.

핵분열의 의미를 파악한 리제 마이트너

핵분열 자체가 중요한 것은 아니다. 오히려 핵분열이 주는 의미를 캐는 것이 더 중요하다. 아주 조그마한 양의 우라늄이 핵분열을 일으켜 거대한 에너지를 발생시킨다는 것을 이해할 수 있는 과학자는 거의 없었다.

그런 면에서 오토 한은 재수가 좋은 과학자였다. 그가 발견한 핵분열이 엄청난 에너지로 이어질 수 있다는 가능성을 파악한 사람은 바로 그의 연구 파트너로 오스트리아 전신인 합스부르크 제국 출신의 여성 물리학자 리제 마이트너였다.

두 사람은 빌헬름 화학연구소에서 30년이 넘도록 함께 일한 동료였다. 당시만 해도 오늘날처럼 학문의 융합이라는 개념이 없었다. 그래서 서로 다른 전공을 가진 학자들이 함께 연구할 수 있는 기회는 비교적 많지 않았다. 오토 한은 화학자다. 물론 후에는 방사화학으로 전공을 바꿨지만 그의 지식 대부분은 유기화학 분야에 국한되어 있었다.

반면 마이트너는 물리학자였다. 오토 한은 물리학자로서는 불가능한 핵분열 현상을 발견했고, 마이트너는 그 핵분열이 주는 의미가 무엇인지 명쾌하게 분석했다. 화학자와 물리학자가 서로 협력하여 만들어 낸 거대한 작품이 바로 핵분열이다.

오토 한은 핵분열을 발견한 공로로 1944년에 노벨 화학상을 수상했다. 하지만 마이트너는 수상에서 제외되었기 때문에 여기에 대한 의견이 분분하다. 핵분열 연구의 진정한 창시자는 마이트너라는 주장도 있는가 하면 오토 한을 비정한 과학자로 몰아세우고 마이트너를 비운의 여성으로 동정하기도 한다.

오토 한과 마이트너는 최고의 연구 파트너

사실 오토 한이 핵분열의 발견이라는 업적을 이룩할 수 있었던 데에는 마이트너의 역할이 크게 작용했다. 한과는 절친한 동료로서 30년 넘게 동일한 주제를 놓고 함께 연구했다. 새로운 핵반응 존재를 확신하고 핵분열이라는 용어를 만든 사람도 마이트너였다.

그러나 그녀가 노벨 화학상을 수상하지 못한 것은 업적이 미약해서가 아니다. 그렇다고 일부 사람들의 지적처럼 오토 한이 훼방을 놓은 것도 아니다. 당시의 시대적 상황은 여성 물리학자에게 불리했고, 그녀가 유대 인이었다는 장벽도 큰 영향을 미쳤다.

좀 더 정확하게 이야기하자면 핵분열 자체를 발견한 것은 오토 한이었다. 핵분열 실험의 현장에는 마이트너가 없었다. 당시 마이트너는 나치의 박해를 피해 베를린을 극적으로 탈출하여 덴마크를 거쳐 스웨덴으로 피신한 상태였다.

그러나 핵분열이라는 현상이 품은 과학적 의미와 가치를 세밀하게 분석한 주인공은 마이트너였다. 핵분열 발견이라는 업적에서 마이트너를 제외할 수 없는 것도 이 때문이다.

마이트너는 오토 한을 절친한 친구로서 사랑했다. 오토 한도 마찬가지였다. 오토 한은 마이트너가 나치의 삼엄한 경계를 피해 덴마크 코펜하겐 대학의 양자물리학 교수인 닐스 보어를 찾아갈 수 있도록 여러 공작을 펼쳤다.

오토 한은 제1차 세계대전 당시 독가스 개발에 참여했던 과거를 늘 괴로워했다. 마이트너는 할 수 없이 독가스 사용을 실행에 옮겨야만 했던 오토 한에게 연민을 느끼고 이런 편지를 쓰면서 그를 위로하였다.

"저는 당신이 괴로워하는 바를 충분히 이해할 수 있어요. 그리고 당신이 기회주의자가 될 수밖에 없었던 데에도 여러 변명과 이유가 있을 거예요. 첫째로 독가스 개발은 부탁이 아니라 명령이었어요. 둘째로 당신이 그 일을 하지 않았다면 다른 누군가가 했을 거예요. 무엇보다 이 끔찍한 전쟁을 한시라도 빨리 끝낼 수 있는 수단(무기)은 충분히 정당화될 수 있을 거예요."

이러한 내용에서 오토 한을 배려하는 마이트너의 마음을 확인할 수 있다. 그리고 그녀는 늘 겸손하고 품위를 잃지 않는 과학자였다. 핵분열을 발견한 업적은 자신이 아니라 오토 한에게 있다고 한사코 강조했다.

1963년 케임브리지 대학의 초청으로 영국을 방문했을 때도 마찬가지였다.

"다시 강조하지만 아주 열악한 환경에도 불구하고 핵분열을 증명해 낸 것은 사실 방사화학이 이루어 낸 걸작이라고 할 수 있습니다. 당시 어느 누구도 할 수 없었던 일을 사랑하는 친구, 오토 한이 성공했으니까요."

이뿐만이 아니다. 몇몇 국가에서는 오토 한에 대해 좋은 감정을 갖고 있지 않았다. 그녀가 나치를 피해 스웨덴으로 갔을 때의 일이다. 모 언론과의 인터뷰에서 한 기자가 오토 한의 인간성을 평가해 달라고 부탁했다. 마이트너는 즉석에서 이렇게 대답했다.

"오토 한의 인간성과 과학적 능력을 따로 떼어 이야기할 수는 없습니다. 그는 무척 활달하고 지적 통찰력이 뛰어나며 건전한 성격의 소유자입니다. 또 관찰력이 우수하고 옳고 그름을 가리는 비판력도 탁월합니다. 내면에 흐르는 겸손함과 친절함은 물론이고 굳은 의지와 고집은 오토 한을 잘 설명해 주는 말이라고 할 수 있습니다."

1938년 7월 중순 외국인 신분이자 유대 인 출신인 마이트너는 나치의 정치적 압력 때문에 생명의 위협을 받는다. 그래서 베를린을 탈출할 수밖에 없었다. 이상적이던 베를린 연구 팀은 깨지고 말았다. 사실 베를린 팀은 다른 핵분열 연구 팀에 비해 재정 지원을 비롯하여 여러 부분에서 열악했다.

그러나 베를린 팀이 어느 팀보다 먼저 우라늄 핵분열을 발견할 수 있었던 가장 큰 요인 가운데 하나는 베를린 팀의 특이했던 조직 구조를 들 수 있다. 당시 파리의 이렌 퀴리(마리 퀴리의 딸)를 중심으로 한 연구 팀과 로마의 엔리코 페르미 연구 팀은 주로 물리학자들로만 구성되어 있었다. 반면에 베를린의 오토 한, 리제 마이트너, 슈트라스만 연구 팀은 물리학자와 화학자로 구성된 완벽한 학제간 연구 팀이었던 것이다.

그러나 이제는 물리학자인 마이트너가 빠지고 말았다. 방사화학자 오토 한과 분석화학자 슈트라스만, 두 화학자는 그들의 연구를 계속 이어 가야 했다. 처음에 두 사람은 마이트너의 추측대로 우라늄에 중성자를 쏘아서 만든 생성물 속에서 라듐을 찾으려고 애를 썼다.

화학자에게는 라듐이 아니라 바륨이었다!

그러나 실험을 하면 할수록 그들이 찾는 라듐이 바륨처럼 행동한다는 느낌을 지울 수가 없었다. 바륨의 특성은 물리학자들의 눈에는 잘 보이지 않았지만 분석화학자의 날카로운 시야를 벗어날 수 없었다. 두 사람은 순수하게 화학자의 입장에서 실험을 다시 한 번 꼼꼼히 반복했다.

그리고 실험을 마친 다음 주 월요일인 1938년 12월 19일, 그들은 마이트너에게 놀라운 결과를 전했다.

"우리는 점점 더 라듐 동위원소가 라듐처럼 행동하지 않고 바륨처럼 행동한다는 놀라운 결론에 도달하게 됐습니다."

마이트너가 떠난 지 불과 5개월 뒤인 1938년 12월, 베를린 팀은 중성자의 충돌에 의한 우라늄 핵변환의 생성물이 바륨이라는 것을 확인했다. 우라늄은 약간 작아진 것이 아니라 완전히 두 쪽으로 갈라진 것이었다. 한과 슈트라스만은 실험 결과를 도저히 믿을 수 없었지만 다른 방법으로 실험해 보아도 결과는 마찬가지였다.

두 화학자는 원자가 쪼개지는 현상을 발견한 것으로, 핵이 분열하는 것과 마찬가지였다. 그럼 원자핵은 왜 깨질까? 그리고 단단한 핵을 깨기 위해서는 엄청난 에너지가 필요할 텐데 그 에너지는 도대체 어디에서 비롯되는 것일까?

오토 한과 슈트라스만이 발견한 핵분열을 짧게 정리하면 이렇다. 우라늄은 바륨과 크립톤으로 분열된 뒤 2~3개의 중성자를 방출한다. 그리고 심한 질량 결손에 의해서 막대한 에너지가 연쇄적으로 발생하게 된다. 이러한 핵분열의 원리를 바탕으로 세계를 깜짝 놀라게 만든 원자폭탄이 개발되었다. 물론 원자폭탄의 탄생은 제2차 세계대전을 종식시키는 데에 큰 몫을 했지만 인류가 영원히 짊어져야 할 고통의 시작이기도 했다.

핵물리학자가 아닌 화학자의 발견

어쨌든 현대사회에 커다란 영향을 미치게 된 우라늄 핵분열은 그 분야의 전문가인 핵물리학자들에 의해 발견된 것이 아니다. 핵물리학과는 전혀 상관없는 분석화학자에 의해 발견의 실마리가 잡혔다.

그러나 오토 한은 이 현상을 두고 어리둥절했다. 핵분열이 주는 의미가 뭔지 몰랐기 때문이다. 오토 한은 마이트너라면 이 현상을 설명할 수 있을 것이라고 믿었다. 한에게 중성자를 이용해서 우라늄을 변환시키는 실험을 제안한 사람이 마이트너였기 때문이다.

핵분열 현상을 발견한 지 며칠이 지난 후 오토 한은 마이트너에게 슈트라스와 함께 진행한 실험 결과를 알려 주었다.

"이 라듐 동위원소에는 뭔가 특별한 것이 있기 때문에 오직 당신에게만 알려 주는 것입니다."

이러한 편지 내용은 오토 한이 자신의 중요한 과학적 발견에 그녀가 동참했음을 공식적으로 인정한 것이다. 마이트너의 노벨상 자격을 두고 지금까지도 의견이 분분한 이유가 바로 여기에 있다. 물론 오토 한은 당시 정치적 상황 때문에 유대 인 과학자와 공동 논문을 발표해서는 안 된다는 사실을 잘 알고 있었다.

이틀 뒤 오토 한은 마이트너에게 다시 서신을 보냈다.

"비록 물리학적으로 볼 때 터무니없는 현상이라고 할 수 있을 겁니다. 그러나 숨길 수만은 없습니다."

오토 한은 마이트너에게 그 현상이 어떻게 일어난 것인지 설명할 수 있겠느냐고 물었다.

처음에는 마이트너도 혼란에 빠졌다

"그러나 우리는 핵물리학 실험을 하는 동안 놀라운 일을 많이 겪었기 때문에 이러한 현상이 무조건적으로 불가능하다고 할 수는 없겠지요."

오토 한의 편지를 받은 마이트너는 혼란에 휩싸였다. 그녀의 조카이자 훗날 원자폭탄 개발에 결정적인 단서를 제공하게 되는 오토 프리시에게 오토 한의 편지를 전했다.

"그 내용이 너무나 놀라워서 처음에는 나도 믿으려고 하지 않았다. 그리고 한의 편지를 들여다보며 안절부절못하던 이모의 모습이 기억난다."

프리시는 당시의 상황을 이렇게 회고했다. 그가 남긴 회고록에는 20세기 과학사에 있어서 가장 위대한 깨달음의 순간이 잘 묘사되어 있다.

프리시가 물었다

"단지 실수에 불과한 게 아닐까요?"

이모가 대답했다.

"절대로 아니야. 한은 뛰어난 능력을 가졌어. 결코 실수할 사람이 아니란다."

마이트너는 의문을 거듭하면서 스스로에게 질문을 던졌다.

"그렇다면 어떻게 우라늄에서 바륨이 만들어질 수 있을까? 양자나 헬륨 원자핵(알파 입자)보다 큰 조각들이 핵으로부터 깎인 적이 없으며, 또 다수의 큰 조각을 핵으로부터 깎아 내기 위해서는 에너지가 턱없이 모자란데 말이야.

또한 우라늄의 핵이 완전히 반으로 쪼개졌을 리도 없어. 핵은 부서지거나 갈라질 수 있는 고체의 성질을 지니지 않았으니까. 미국의 물리학자 조지 가모프는 핵이라는 것이 오히려 액체 방울의 성질에 훨씬 가깝다고 추측했고, 보어 또한 같은 내용을 주장했지.

하지만 액체 방울을 떠올려 보면 종종 큰 방울이 2개의 작은 방울로 나눠지는 경우가 있어. 큰 방울은 처음에는 길게 늘어지다가 결국 2개의 개체로 나눠지지. 핵도 이와 마찬가지로 깨진다기보다 찢어지는 게 아닐까?

핵의 분열 과정이 존재한다면 그 과정에 저항하는 강력한 힘도 존재할 거야. 액체 방울이 분열할 때 표면장력이 저항하는 힘으로 작용하는 것처럼 말이야. 하지만 핵이라는 것은 액체 방울과는 분명히 다른 점이 있지. 핵은 전기적으로 전하 상태이며 표면장력에 저항하니까."

마이트너는 핵분열 현상을 과학적으로 이해하려고 노력했지만 여전히 혼란스러울 뿐이었다.

핵을 깨는 엄청난 에너지는 어디에서 오는 걸까?

어느 날 마이트너와 프리시는 눈 덮인 숲속을 산책하고 있었다. 마이트너는 오토 한의 편지가 품은 의미를 조카에게 꼭 이해시켜야겠다고 생각했다. 그들은 잠시 통나무 위에 앉았다. 마이트너는 품에서 메모지를 꺼내더니 계산을 하기 시작했다. 이때를 두고 프리시는 이렇게 회고했다.

"우리는 우라늄 핵의 전하가 표면장력 효과를 거의 완벽하게 극복할 수 있을 정도로 크다는 것을 발견했어. 그러니까 우라늄 핵은 어쩌면 아주 불안정한 방울일지도 몰라. 중성자로부터의 충격처럼 아주 약한 자극에도 자신을 분열시킬 준비가 되어 있는 것처럼 말이야.

하지만 설사 그렇다고 해도 여기에는 또 다른 문제가 있지. 분열한 뒤, 두 부분은 서로의 전기적 척력 때문에 따로 떨어지게 되는데 이때 매우 높은 속력을 얻게 돼. 바꿔 말하면 매우 높은 수준의 에너지, 모두 합쳐서 대략 200만 볼트를 얻게 되는 거야. 대체 이 에너지는 어디서 오는 걸까?"

마이트너는 놀라운 통찰력으로 해답을 찾았다. 그녀는 핵의 질량을 계산하는 공식을 이용해서 우라늄의 핵이 분열되어 생긴 2개의 핵이 본래 하나였던 우라늄보다 얼마나 가벼워졌는지 계산했다. 그것은 양자 질량의 5분의 1이었다. 질량이 소멸될 때마다 에너지가 생겼고, 양자 질량의 5분의 1은 그에 딱 맞는 에너지의 양으로 환산될 수 있었다.

"옳거니. 그래서 에너지가 생기는 거야. 이제 모든 것이 다 맞아떨어졌군!"

마이트너는 우라늄 원자 하나에서 양자 질량의 5분의 1이 손실될 때 생기는 에너지의 양을 계산하기 위해 아인슈타인의 유명한 방정식 $E=mc^2$을 사용했다.

아인슈타인 방정식의 활약

결과는 너무나 놀라웠다. 계산의 값이 정확히 200만 볼트였기 때문이다. 다시 말하면 우라늄 1g을 분열시키면 석탄 2.5t만큼의 에너지를 방출한다는 것이었다. 그런데 페르미, 오토 한, 슈트라스만 그리고 파리에서 활동하는 퀴리와 사비치 팀은 그토록 많은 실험을 진행했으면서 어째서 이 사실을 깨닫지 못했을까? 그 이유에 대해 마이트너는 이렇게 결론을 내렸다.

"그들이 행한 실험에서는 극소량의 우라늄만 이용했고 또한 분열하는 원자의 수도 적었기 때문이다. 그래서 에너지 방출을 포착하지 못한 것이 분명하다."

핵물리학자들은 우라늄이 절반으로 쪼개져서 원자번호가 56번인 바륨으로 변화할 것이라고는 예상하지 못했다. 그들이 얻어 낸 생성물 속에는 분명히 바륨이 있었음에도 불구하고 당시의 과학자들은 이 사실을 알아내지 못했다. 하지만 화학자인 오토 한은 알아내었다.

프리시는 닐스 보어의 연구소가 있는 코펜하겐으로 돌아오자마자 우라늄에 중성자로 충격을 가함으로써 발생하는 조각들의 힘을 측정하기 위한 실험에 착수했다. 그는 거기에서 나오는 에너지가 마이트너의 계산 값과 거의 맞아떨어진다는 것을 증명해 낼 수 있었다.

프리시는 이 놀라운 결과를 담은 논문 2편을 〈네이처〉지에 발표했다. 한 편은 마이트너와 함께 쓴 것으로 오토 한과 슈트라스만의 실험 결과가 이론적으로 옳다는 주장을 설명했다. 두 번째 논문에서는 자신의 실험 결과를 자세히 서술했다. 이 2편의 논문은 핵물리학계를 뜨겁게 달구었다.

여기서 특이한 점은 핵물리학자들이 '쪼개짐'이라는 용어 대신 '분열'이라는 용어를 사용했다는 점이다. 그러나 핵분열 과정에서 발생하는 엄청난 에너지를 어떻게 사용하면 좋을지에 대한 전망은 전혀 없었다. 그리고 무기 제조에 활용될 가능성에 대해서도 아무런 언급이 없었다.

핵분열에 열광한 과학자들

그러나 핵분열 발견 이후 많은 과학자들이 엄청난 에너지를 무기 개발에 사용할 수 있다는 가능성을 착안했다. 그렇게 그들은 핵분열에 광분하게 된다. 마이트너의 지적처럼 순수한 과학적 발견이 전쟁 기술자들의 손에 넘어가게 된 것이다.

곧이어 미국과 독일의 핵개발 경쟁으로 이어졌다. 여기에는 당시 최고의 물리학자로 추앙받는 2명의 과학자가 참여했다. 당대 최고의 물리학자였던 로버트 오펜하이머가 주도하는 미국의 맨해튼 프로젝트 그리고 불확정성원리를 창안한 양자역학의 대가 베르너 하이젠베르크가 이끄는 우란베

로버트 오펜하이머.

레인(Uranverein, 영어로는 Uranium Club) 프로젝트다.

1945년 8월 9일 일본 나가사키에 투하된 핵폭탄 '팻 맨(Fat Man)'.

결국 이 경쟁은 미국의 승리로 끝났다. 그러나 맨해튼 프로젝트의 책임자인 오펜하이머는 첫 원자폭탄 실험 현장에서 엄청난 파괴력을 보고 "나는 세계의 파괴자, 죽음의 신이 되었다."고 중얼거렸다고 한다.

회한 속에서 살았던 오펜하이머는 트루먼 대통령을 찾아가 "이 손에 묻은 피가 지워지지 않습니다."라고 말했다가 백악관에서 쫓겨났다고 전해진다. 아마 그들은 원자폭탄이라는 비극의 업보를 짊어진 과학자들인지도 모르겠다.

오토 한도 마찬가지다. 불행하게도 그는 자의든 타의든 우란베레인 프로젝트에 참여하게 되었다. 독일이 전쟁에서 패하자 그는 '히틀러의 과학자들' 가운데 한 명으로 요주의 과학자가 되었다. 전쟁이 끝난 1945년 오토 한은 독일 핵 개발에 관한 전후 조사 때문에 영국으로 잡혀가 억류되었다. 이때 우라늄 핵분열을 발견한 공로로 노벨 화학상 수상자로 선정되었다.

나치의 핵 개발 프로젝트에 참여한 과거

독일이 항복한 뒤인 1945년 7월 3일 연합국 정보 요원들은 전쟁 중에 독일이 핵 개발을 어느 정도까지 진행시켰는지 알아내기 위해 하이젠베르크, 막스 폰 라우에, 발터 게를라흐, 발터 보테, 카를 폰 바이츠제커 등 핵 개발과 관련된 핵심적인 과학자들을 독일에서 납치하여 케임브리지에서 약 25마일 떨어진 한 농가에 억류하였다.

알소스 특명(Alsos Mission)이라고 이름 붙여진 이 군사 활동을 통해 연합국 정보 요원들은 독일 과학자들을 외부와 차단시키고 이들 사이에 오가는 대화 내용을 비밀리에 조사했다. 노벨상은 유명한 과학자들의 업적을 인정하는 것뿐만이 아니라 억류된 과학자들을 풀려나게 만드는 데에도 부분적으로 기여했다. 1945년 11월 16일 오토 한은 신문을 통해 자신이 노벨상 수상자로 선정되었다는 사실을 알게 되었으며, 이듬해 그는 그리운 고향으로 돌아가 노벨상을 수상할 수 있게 되었다.

핵 개발 프로젝트를 뿌리친 마이트너

마이트너는 자신의 발견이 파괴적인 용도로 쓰이는 것을 달가워하지 않았다. 원자폭탄 개발 팀에서 활동하라는 영국의 요청을 단호히 거절했다. 제2차 세계대전 중 원자폭탄이 일본에 투하된 이후 그녀는 이렇게 말했다.

"이처럼 짧은 기간에 원자폭탄이 완성된 데에 놀라지 않을 수 없다. 핵분열의 발견이 때마침 전쟁 시기와 겹친 것은 불행한 우연이었다."

어쨌든 핵분열이라는 거대한 발견은 번뜩이는 아이디어와 치밀한 분석 능력을 소유한 화학자와 자연에서는 불가능하다고 여겼던 현상이 현실적으로 가능할 수 있다는 것을 깨우친 물리학자의 공동 노력의 결과이다.

오토 한은 전쟁이 끝난 후 막스플랑크협회의 초대 총재를 지내다가 1968년에 생을 마감했다. 한보다 1살 많았던 마이트너는 평생 독신으로 살다가 영국 케임브리지 대학에서 조카 프리시의 가족들과

오토 한과 마이트너의 모습.

함께 말년을 보냈다. 그녀는 1968년 90세의 일기로 세상을 떠났다.

두 사람은 각종 세미나에서 자주 만나며 우정을 나누었다. 마이트너는 한을 늘 존경했다. 자신이 노벨상을 수상하지 못한 것에 대해 결코 한을 원망하거나 억울해하지 않았다. 당시의 정치 상황을 잘 알고 있었고, 자신이 유대 인 여성 과학자였기 때문에 생길 수밖에 없었던 차별과 한계를 이해했다.

인류 역사상 거대한 족적을 남긴 과학자는 많다. 그들은 모두 창의적인 아이디어를 유감없이 발휘했지만 그렇다고 모두가 위대한 것은 아니다. 하지만 핵분열 분야에 있어서 마이트너는 분명 위대한 과학자라고 할 수 있겠다.

효심(孝心)이 일궈 낸 위대한 발명품

펠릭스 호프만과 아스피린

아스피린의 진화는 끝이 없는 것 같다. 진통과 해열을 치료하기 위해 시작된 아스피린은 소염치료제로 발전했다. 그리고 뇌졸중, 심근경색 등 심혈관 질환을 사전에 예방할 수 있는 의약품으로 진화했다. 이제는 가정상비약과 여행 품목의 필수품으로 자리를 잡았다.

계속되는 아스피린의 진화

아스피린의 진화는 여기에서 끝나는 것이 아니다. 하루 한 알씩 복용하면 암 발생과 사망 위험을 크게 낮출 수 있다는 연구 결과도 나왔다. 진통 해열부터 심장 질환과 암에도 탁월한 효과를 발휘할 정도라면 '경이로운 약품(wonder drug)'이자 21세기의 만병통치약으로 불러도 손색이 없을 듯하다.

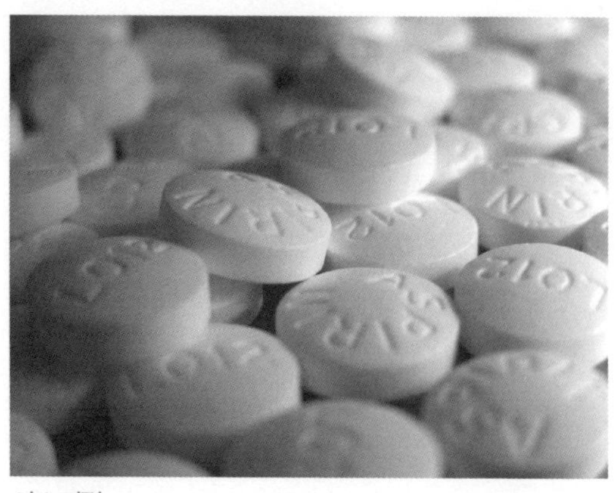
아스피린.

영국 퀸메리 대학 연구 팀은 아스피린의 효능에 관한 각종 연구와 임상 실험을 종합 분석한 결과, 아스피린을 10년가량 장기 복용할 경우 암 발생률이 최대 35%, 사망률은 최대 50%까지 낮아지는 것을 확인했다.

이번 연구 결과로 볼 때 50~65세 연령대의 경우 75~100㎎ 용량의 아스피린을 최소 5~10년 동안 복용할 필요가 있다. 아스피린 복용 기간이 3년 미만일 때는 암 예방 효과가 전혀 없으며 최소 5년이 넘어야 암 발병 위험성이 낮아진다.

지금까지 아스피린이 유방암, 췌장암, 난소암 등의 예방에 기여한다는 개별 연구 및 임상 시험 결과가 나온 적은 있었지만 이번 연구 결과만큼 종합적이지는 않았다.

암은 물론 치매 예방까지

연구의 또 다른 결과에서는 아스피린을 하루 한 알씩 10년간 복용한 사람은 대장암 발생률이 약 35%, 사망률이 40% 감소했다. 또 식도암과 위암 발생률은 30% 낮아지고 사망 위험도 35~50%나 떨어졌다. 그러나 단순히 아스피린을 복용하기만 하면 되는 것이 아니라 흡연, 과음, 과체중 등 생활습관을 개선하면서 장기 복용할 때 효과를 볼 수 있는 것으로 나타났다.

아스피린은 1897년 독일의 제약 회사 바이엘이 버드나무 껍질에서 추출한 성분으로 만들었으며 전 세계에서 해마다 1,000억 알이 소비되는 것으로 추산된다. 물론 부작용도 다수 보고되고 있다. 하지만 필수 의약품이라는 데에 이의를 제기할 사람은 그다지 많지 않을 것이다.

아스피린의 역사는 매우 길다. 기록으로 볼 때만 하더라도 반만 년이 넘는다. 인류 문명의 탄생과 함께 사용되어 온 의약품인 셈이다. 아마 아스피린보다 역사가 더 긴 약품을 꼽으라면 술, 바로 맥주가 유일할 것이라고 전문가들은 지적한다.

버드나무 껍질을 사용했던 아메리카 인디언

인류는 수천 년 전부터 버드나무 잎과 껍질이 진통과 해열에 효과가 있다는 것을 알았다. 4,000년 전 고대 메소포타미아 왕국 수메르의 유물인 니푸르 점토판에 기록된 처방전에는 설형문자로 '버드나무'가 새겨져 있다.

버드나무 껍질에서 추출한 아세틸살리실산 결정.

기원전 1,500년경 고대 이집트의 의학서 '파피루스 에버스(Papyrus Ebers)'에도 버드나무 껍질을 달인 물로 통증과 열을 치료했다는 기록이 남아 있다. 이뿐만이 아니다. '의학의 아버지'로 칭송받는 그리스의 히포크라테스도 버드나무 잎으로 만든 차를 처방했다고 한다. 또 근동 지역뿐만 아니라 아메리카 인디언들도 이 처방을 썼다고 한다.

물론 이들은 버드나무 껍질의 어떤 성분이 효능을 내는지 알지는 못했다. 하지만 오랜 세월에 걸쳐 두통과 해열을 치료하는 데 약효가 있다는 사실을 경험적으로 알게 되었고, 민간요법으로 널리 사용한 것이다.

버드나무 잎과 껍질에 포함된, 진통과 해열에 효과가 있는 성분의 정체가 밝혀진 것은 1830년대의 일이다. 바로 '살리신'이라는 물질이 주인공인데, 버드나무 껍질로부터 살리실산(salicylic acid)을 정제할 수 있게 된 후부터는 분말 형태로 사용됐다. 정식 화학명은 살리실산을 가공한 것으로 '아세틸살리실산(ASA, acetylsalicylic acid)'이다. 그러나 살리실산은 맛이 고약하고 귀가 울리는 이명, 구토, 위장 장애 등 많은 부작용이 있어 문제가 되었다.

효심 덕분에 탄생한 '경이로운 의약품'

아스피린이 이러한 문제점들을 보완하고 오늘날 가장 애용되는 진통 해열제로 탄생하게 된 배경은 무엇일까? 지성이면 감천이라고 했던가? 아스피린은 한 과학자의 깊은 효심(孝心)의 산물이라고 해도 과언이 아니다.

19세기 말 독일의 유명한 제약 회사 바이엘에 펠릭스 호프만(Felix Hoffmann, 1868~1946)이라는 화학자가 근무하고 있었다. 명문 뮌헨 대학에서 박사 학위를 받은 그는 관절염 치료에 일반적으로 쓰이는 부작용이 많은 살리실산나트륨(sodium salicylate)을 대신할 수 있는 치료법을 개발하기 위해 연구를 계속하고 있었다.

펠릭스 호프만.

당시에는 관절염을 치료하기 위해 6~8g 정도의 살리실산나트륨을 사용했다. 하지만 이 때문에 환자의 위장 상태는 말이 아니었다. 약 성분이 위벽을 자극하여 엄청난 고통을 안겨 주었지만 이렇다 할 대안이 개발되지 못했다.

역사상 위대한 발견과 발명을 한 과학자들이 그러듯이 혼자서 모든 것을 결정하고 진행하는 독불장군은 없다. 버드나무 껍질에서 진통과 해열 작용을 하는 유효 성분 살리신은 1828년에 프랑스의 화학자 르루에 의해 결정 형태로 만들어졌다. 또한 1838년에 이탈리아 화학자 피리아는 성분을 산화시켜 살리실산(salicylic acid)을 얻었다.

1832년 프랑스의 화학자 샤를 프레데리크 제라르는 살리실산과 염화아세틸을 혼합하여 이러한 부작용을 없애려고 하였다. 그러나 그가 개발한 방법의 생산 공정에는 너무 긴 시간이 필요해 결국 성공을 거두지 못했다.

호프만에게 아스피린을 발명하도록 자극을 준 것은 그의 부친이었다. 당시 류머티즘을 앓고 있던 그의 아버지는 관절염으로 인한 심한 고통에 시달리고 있었다. 더구나 류머티즘의 통증을 가라앉히기 위해 살리실산을 먹느라 고생하는 모습은 아들로서 차마 지켜보기 힘들 정도였다.

관절염으로 인한 고통과 살리실산으로 인한 복통, 구토 등 아버지의 고생은 이만저만이 아니었다. 그는 진통과 해열 효과를 유지하되 위장 장애를 일으키지 않는 합성의약품을 만들기 위해 연구에

박차를 가했다. 그러던 중 그는 제라르의 연구에 대해 깊은 관심을 갖게 되었다. 호프만은 아세틸살리실산에서 아이디어를 찾을 수 있겠다고 생각했다.

그날 아버지는 처음으로 편한 잠을 잤다

1897년 10월 호프만은 결국 위장 장애를 일으키는 살리실릭산을 아세틱산으로 아세틸화 하여 화학적으로 순수하고 안정된 상태의 아세틸살리실산을 합성하는 데 성공했다. 다시 말해서 살리실릭산

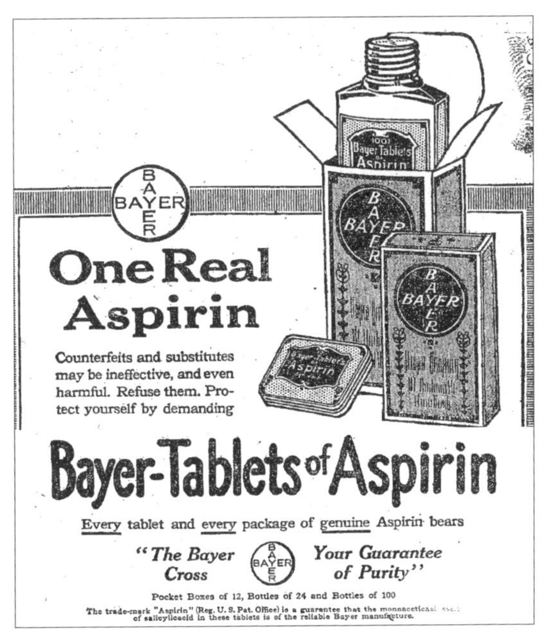

1917년 미국 신문에 실린 아스피린 광고.

과 아세틱산을 적절하게 섞어 복용하기 좋은 합성의약품을 개발하는 데 성공한 것이다.

연구가 성공을 거둔 날 호프만은 조그만 약병을 아버지께 드렸다. 그날 밤 그의 아버지는 몇 년 만에 처음으로 고통 없는 밤을 보낼 수 있었다. 편하게 잠든 아버지의 모습을 보던 호프만의 눈에서 눈물이 흘러내렸다.

그러나 이제 그는 아버지뿐만 아니라 위장 장애 때문에 고통을 받는 전 세계의 사람들을 위해 연구를 마무리해야만 했다. 그는 한 아버지의 아들만이 아니라 시대를 앞서간 과학자로서 모든 사람을 위한 아들이 되어야 했다.

이러한 소식을 접한 약리학자들은 처음에는 회의적인 시선으로 그의 연구를 바라보았다. 그러나 호프만이 만든 합성의약품의 효능이 점차 널리 알려지고, 그 효능을 인정하는 연구들이 쏟아져 나왔다. '고통이 없으면서 열을 내리고 통증을 완화시키는 물질'이 탄생한 것이다.

호프만은 이 경이로운 약품의 이름을 아세트산(acetic acid)의 'a'와 버드나무의 학명 'spiraea'을 합성해 '아스피린(aspirin)'이라고 지었다. 이는 최초의 합성의약품으로 1899년부터 본격적으로 판매되기 시작했다. 처음에는 가루 형태로 시판되다가 1915년부터 현재의 알약 형태로 판매되었다.

아스피린 발명의 특허를 둘러싼 논쟁

아스피린 개발 특허를 둘러싼 논쟁도 한동안 지속됐다. 1949년, 바이엘의 연구원이었던 아서 아이첸그룬(Arthur Eichengrun) 박사는 한 논문을 통해 아스피린의 개발은 자신이 계획했고 총괄했기 때문에 발명 특허는 자신에게 있다고 주장했다.

그는 이 논문에서 자신이 아스피린의 최초 임상 실험 책임자였고, 호프만은 연구를 돕는 보조 연구원으로 실험실 도우미에 불과했을 뿐이라고 주장했다.

그러나 아이첸그룬의 주장은 역사가와 화학자들에게 무시당했다. 논란이 계속되자 바이엘 회사는 보도자료를 통해 아이첸그룬의 주장을 전면 부인하며, 아스피린을 발명한 학자는 호프만이라는 사실에 쐐기를 박았다.

이후 호프만은 바이엘 사의 마케팅 부서로 자리를 옮겨 아스피린 전도사의 역할을 계속했다. 그는 평생 독신으로 살았고, 1946년 2월 아무런 유서도 남기지 않은 채 스위스에서 눈을 감았다.

신약 개발의 교과서

아스피린의 상업화 과정은 신약 개발의 교과서로 통한다. 1899년 판매를 시작한 이후부터 현재까지 전 세계인이 가장 애용하는 진통제로 자리매김했기 때문이다. 그런데 흥미로운 사실은 아스피린의의 부작용마저 교과서적인 사례가 된다는 점이다.

아스피린은 그 효능을 인정받아 먼저 상용화가 되었고, 어떻게 작용하는지에 대해서는 수십 년이 지난 다음 밝혀진 의약품이다. 영국의 약리학자 존 베인(John R. Vane)은 아스피린의 메커니즘을 규명했다. 그는 아스피린이 프로스타글란딘(prostaglandin)이라는 물질의 합성을 저해함으로써 효과를 낸다는 사실을 입증하여 1971년에 노벨상까지 수상했다.

아스피린의 타깃은 'COX(CycolOXygenase)'라는 효소다. 이 효소는 프로스타글란딘을 만드는 역할을 한다. 프로스타글란딘은 염증과 발열, 통증을 매개하는 물질로 아스피린이 COX에 붙어 프로스타글란딘을 생성하지 못하게 만든다. 그러면 염증과 발열, 통증이 줄어들게 되는 것이다.

프로스타글란딘을 만드는 COX는 한 종류가 아니라 COX1과 COX2, 두 종류가 있는데 각각 역할이 다르다. COX1은 위장을 보호하는 점액 생산을 촉진하고 위산 분비를 억제하는 기능을 한다. COX2는 혈액 응고를 돕는다. 그래서 아스피린을 복용하면 COX1, COX2가 억제되면서 위장 장애와 출혈 성향 증가 등 부작용이 발생한다.

부작용 가운데 COX2 억제로 발생하는 항혈액 응고 현상은 심장병 치료제로써의 가능성을 제시했다. 아스피린이 COX2를 억제해 혈액 응고를 방해하고 혈전(혈관 속에서 피가 굳어진 덩어리) 생성을 방지함으로써 혈관 속에서 혈액이 원활하게 흐를 수 있다.

이 부작용은 심근경색을 겪었거나 심근경색의 위험이 있는 협심증 환자, 뇌경색증을 앓았던 환자의 혈류를 개선시켜 준다. 낮은 양의 아스피린을 꾸준히 복용할 경우 병환 재발의 가능성도 낮출 수 있다.

이처럼 아스피린의 부작용은 다른 병의 치료에 활용될 수 있다는 사례를 남겼는데, 혈압 치료제로 개발되었다가 발기부전제로 진화한 비아그라도 같은 예라고 할 수 있다.

아스피린은 여전히 미개척지인가?

물론 아스피린은 만병통치약이 아니다. 아스피린을 복용한 사람들 중 평균 6% 정도가 위장 장애를 일으켰으며 영아에게 해열제로 처방하면 라이 증후군(Reye syndrome, 어린이에게 발병하는 급성뇌염증)으로 발전해 심각한 위험 상태를 초래하기도 한다. 심한 천식 환자나 만성 두드러기 환자에게도 아스피린은 독이다. 하지만 아스피린은 여전히 미개척지다. 소염, 해열, 진통제의 역할로 쓰이다가 항혈소판 효과가 있다는 것이 밝혀지면서 뇌졸중, 심근경색 예방약으로 탈바꿈하여 진화를 계속해 왔다.

아스피린 탄생 100주년이었던 1999년, 중국과 스페인 등지에서는 아스피린을 심뇌혈관 질환 2차 예방을 위한 약품으로 승인했고

2008년에는 총 38개 국가에서 협심증, 심근경색 등 심혈관 질환 예방과 뇌졸중 병력 환자의 재발 방지 의약품으로 승인했다.

호주 남부 태즈메니아 대학(UTAS) 부설 멘지스 연구소는 70세 이상 1만 5,000명을 대상으로 임상 실험을 진행했다. 그 결과 아스피린이 치매와 암 예방에도 효과적일 수 있다고 한다.

해열 진통제에서 출발한 아스피린은 이제 뇌졸중과 심근경색 치료제로 부상했고, 치매와 암까지 예방할 수 있는 가능성도 제기되고 있다. 도대체 아스피린의 가능성은 얼마나 될까? 또 진화의 끝은 어디일까?

생물과 무생물의 차이는 없다!

오파린과 생명의 기원

생명체와 비생명체 간에 기본적인 차이점이란 없다. 물질의 진화 과정에서 생명을 특정 짓는 요소와 생명체 발현이라는 복잡한 결합이 틀림없이 일어날 수 있었을 것이다.

–알렉산더 오파린(Aleksandr Ivanovich Oparin, 1894~1980)

생명체의 정의는 너무 복잡하다

조류 독감, 에볼라, 메르스와 같이 인간을 무자비하게 공격하는 바이러스는 인류가 미래에도 계속 투쟁을 벌여야만 할 대상이다. 그리고 암은 여전히 공포의 대상으로써, 이제 전 세계 사망 원인 중 1위로 부상했다. 그렇다면 바이러스와 암은, 정확히 표현하자면 암

세포는 당연히 생명체여야 한다. 생명이 없는 물질이 자기 복제와 분열을 하면서 살아 있는 생명체인 인간을 생물학적으로 공격할 수는 없을 테니 말이다.

바이러스와 암은 생명체일까? 생명체의 정의는 너무 복잡하고 어렵고 아직까지 뜨거운 논쟁거리로 남아 있다. 과연 무엇을 생명체라고 단정할 수 있을까? 그리고 생명의 기원은 무엇일까?

생명체가 존재할지 모른다는 가능성이 제기되면서 화성에 대한 관심이 높아지던 2005년, 워싱턴 대학교에서 지질학을 가르치던 로저 뷰익(Roger Buick) 교수는 〈네이처〉지 신년호에 재미있는 이야기를 실었다.

"난 정말로 화성에 생명체가 살고 있는지 알고 싶다. 아마도 화성인의 존재 여부는 화성인들이 뀐 방귀의 성분을 연구해 보면 알 수 있을 것이다."

인간을 비롯한 모든 생물체는 냄새 나는 방귀나 암모니아가 섞인 오줌을 배출한다. 때로는 아름다운 꽃의 향기로 나올 수도 있다. 많은 학자들이 꽃향기도 식물체의 일종의 배설물이라고 주장하기 때문이다.

이러한 배설물에 포함된 메탄가스와 암모니아는 생명의 기본 요소다. 즉 탄소, 수소, 질소는 생명체를 이루는 기본 요소인 것이다. 물론 호흡에 필요한 산소와 단백질의 주요 구성 성분인 황도 포함돼야 할 것이다.

무생물도 변화하고 진화한다

1936년 출간된 『생명의 기원(The Origin of Life on the Earth)』에서 오파린은 생명체에게 필요한 기본 원소들이 복잡한 변화와 진화를 겪는 과정에서 생명체가 우연히 나타날 수도 있다는 주장을 폈다. 생명체뿐만 아니라 물질도 변화와 진화의 과정을 겪을 수 있다는 의미였다.

원시 지구를 구성하는 성분인 암모니아, 메탄, 수증기, 수소 등이 서로 반응하면서 유기물인 단백질이 만들어졌고, 이 단백질로부터 생명체가 탄생했을 거라고 주장했다. 오파린의 주장은, 자연 상태에서 생명이 자연히 발생할 수 있다는 '자연발생설'과 같은 맥락이

『생명의 기원』 표지(좌)와 알렉산더 오파린(우).

라고 할 수 있다. 유기물에서 생명체가 비롯되었다는 오파린의 가설을 좀 더 자세히 살펴보자.

모스크바에서 학창 시절을 보낸 오파린은 모스크바 국립대학에서 식물생리학을 전공하면서 다윈의 진화론에 커다란 영향을 받는다. 그리고 1922년 봄에 개최된 러시아 식물학회의 회의에서 최초의 유기체가 이미 형성된 일단의 유기화합물로부터 발생한다는 자신의 가설을 처음으로 발표했다.

원시 대기 상태에서는 산소가 적었기 때문에 암모니아, 메탄, 물과 같이 수소를 많이 함유한 물질에서 아미노산, 당, 뉴클레오티드(nucleotide)의 고분자물질이 생성되었다는 것이다. 합성에 필요한 에너지는 번개와 같은 방전 에너지 그리고 자외선을 흡수하면서 얻었다고 가정했다.

'원시 수프' 속의 물질들이 서로 작용하다

고분자유기물이 생성되면 유기분자가 농축되어 선구물질의 농도가 증가한다. 그리고 결국 중합반응이 일어나 단백질이 합성되는 것이다. 이것들은 비에 녹아 지구 표면으로 떨어졌고 유기화합물을 풍부하게 함유한 연못, 호수, 바다 따위가 되었을 것이다. 유기화합물을 많이 함유한 이러한 장소를 오파린은 '원시 수프(primeval soup)'라고 불렀다.

원시 수프 상상도.

그러나 오파린이 생각한 원시 수프는 정적인 개념이 아니었다. 간단한 물질에서부터 고분자화합물들이 서로 반응하면서 끊임없이 변화하고 진화가 이루어지는 장소였다. 그러한 과정 속에서 우연히 생명체가 발생했다는 것이 오파린이 주장한 생명의 기원이다.

그는 생명의 기원을 물질의 점진적 진화 과정의 한 단계로 보았다. 이를 통해 처음으로 생명의 기원 문제를 과학적으로 연구할 수 있는 기반이 마련되었고, 연구 방향을 제시했다는 점에서 높이 평가받고 있다.

오파린의 이론은 그야말로 가설이다. 가정에서 시작해서 가정으로 끝난다. 다시 말해 '……했을 것이다.'가 전부였다. 그가 과학적 사유를 45억 년 전까지 돌릴 수 있었던 바탕에는 '물질을 이루는 구성 요소에서 생물과 무생물의 차이는 없다'는 가정이 있었다.

기존 관념에 도전했다는 의미에서 그는 '20세기의 다윈(Darwin of the 20th century)'으로 불린다. 다윈이 생명의 기원과는 관계없이 진화의 영역을 담당했다면, 오파린은 창조의 마지막 영역에 도전장을 내밀었던 것이다.

철학에서 과학의 범주로 자리를 옮긴 생명의 기원

오파린은 무엇보다 생명의 기원 문제를 기존의 철학적 사고 범주에서 실험과학의 범주로 옮겨 놓는 데 기여했다. 오파린의 가설이 발표된 지 17년이 지난 1953년, 환원성 원시 대기를 모방한 실험 조건에서 아미노산을 비롯한 여러 생체분자들의 생성이 실제로 가능하다고 확인됐다. 이 연구 결과는 생명의 기원 연구에서 새 장을 열어 준 획기적인 사건이었다.

물론 오늘날의 과학적 지식으로 비추어 볼 때 그의 가설 중 일부 내용은 부정확하거나 옳지 않다는 것도 밝혀졌다. 하지만 장구한 시간에 걸친 물질 진화의 필연적 결과로 생명이 출현하게 되었다는 그의 견해는 여전히 우리에게 큰 울림을 준다.

기니피그가 되어 과학적 증명을 알리다

제시 러지어와 황열병의 감염 경로

전염병은 제각각 감염 경로가 있다. 독감처럼 호흡기로 전염되는가 하면 에이즈(AIDS)와 같이 혈관을 통해 전염되는 질병도 있다. 또 장티푸스나 이질처럼 세균이 있는 음식을 통해 전염되기도 한다.
무엇을 통해 전염되는지는 매우 중요한 문제다. 그래야 예방책을 찾을 수 있고 그에 대한 과학적 접근 방법도 쉽게 풀리기 때문이다.

자신을 희생해 과학적 업적을 이룬 기니피그 과학자들

황열병은 모기에 의해 전염된다. 다시 말해서 모기가 사람을 물면 전염된다. 그러나 사람들은 황열병이 어떻게 전염되는지를 몰랐다. 많은 사람들은 이 병이 음식을 통해 전염된다고 생각했다.

그러나 한 과학자는 이 병이 혈관을 통해 전염된다고 생각했다. 그는 황열병에 걸린 사람들의 구토한 물질을 손수 먹어 보임으로써 괜찮다는 것을 사람들한테 알렸다. 그리고 또 다른 과학자는 모기가 자신을 물도록 해서 모기가 황열병을 옮긴다는 사실을 알렸다. 하지만 안타깝게도 그는 목숨을 잃었다.

말라리아와 함께 모기가 옮기는 치명적인 질병 가운데 주로 아프리카와 남아메리카에서 기승을 부리는 황열병이 있다. 황열병은 아프리카와 남아메리카 지역에서 유행하는 바이러스에 의한 출혈열이다. 질병을 일으키는 바이러스는 아르보 바이러스(arbo virus)로 모기에 의해 전파된다. 뎅기열, 지카 바이러스와 사촌 격이다. 모기에 물렸을 때 모기의 침 속에 있던 바이러스가 몸속으로 들어와 혈액에 침투하여 질병을 일으키게 된다. 이 병의 감염 경로를 밝혀낸 업적은 스스로 실험동물이 된 과학자들의 몫이다. 이처럼 자신의 육체를 실험동물처럼 희생한 과학자를 '기니피그 과학자'라고 일컫는

기니피그(Guinea pig)

다. 그들은 비록 역사의 기억에서는 잊혔지만 황열병을 비롯한 다양한 연구의 초석을 다졌다.

환자의 토사물을 먹어 비전염성을 입증하다

19세기 초인 1804년 펜실베이니아 의과대학 수련의인 스터빈스 퍼스는 과감한 실험에 도전했다. 평소 황열병에 관심이 있던 그는 이 병이 전염병이 아니라고 확신했다. 그래서 위험이 뒤따르더라도 자신이 스스로 실험동물이 되어 자신의 생각이 옳다는 것을 입증하고 싶었다.

불과 몇 해 전이었던 1793년 미국에는 역사상 최악의 황열병이 강타해 무려 10~15만 명이 희생됐다. 특히 퍼스가 살고 있던 펜실베이니아에서는 5,000여 명이 사망하며 여러 지역 중에서 가장 큰 피해를 입었다. 사망자의 수는 당시 펜실베이니아 주민의 10%에 가까운 것으로 엄청난 재앙이었다.

이러한 사태가 벌어지자 많은 의학자들이 이 병을 규명하기 위해 연구에 착수했다. 젊은 의학도 퍼스도 그 가운데 한 명이었다. 그는 일반 사람들이 보기에는 아주 역겨운 실험에 착수했다. 퍼스는 우선 환자의 토사물을 자기 팔에 주입했다. 그러나 그는 황열병에 걸리지 않았다. 다시 말해서 피를 통해 전염되는 것이 아님을 입증한 셈이다.

이 성공으로 대담해진 그는 자신의 안구에 환자의 토사물을 떨어뜨리는 실험을 했다. 그리고 자신의 주장에 동조하는 사람들을 대상으로 여러 환자의 피, 침, 땀, 오줌 등 여러 채액을 이용한 실험을 진행했다.

마지막 실험이 압권이었다. 그는 환자의 토사물을 알약 형태로 만들어 삼킨 후 그것으로도 모자라 아무런 가공을 거치지 않은 토사물을 먹었다. 하지만 여전히 그는 황열병에 걸리지 않았다. 그래서 그는 황열병이 전염병이 아니라고 확신하게 되었다.

그리고 그는 실험 결과를 토대로 논문을 제출했고 당당히 박사 학위를 받았다. 하지만 그의 연구는 오류였다. 황열병은 혈액을 통해 직접 전달됐을 때에만 전염된다. 팔에 토사물을 주입하는 등의 실험으로 전염성 유무를 판단하기에는 무리가 있었다.

퍼스의 이론을 뒤집고 황열병이 모기에 의해 전염된다는 사실을 입증하는 데에는 무려 90년이라는 세월이 걸렸다. 이 또한 역시 기니피그 과학자에 의해서였다. 쿠바 주둔 미군 병원의 외과의사로 근무하던 존스홉킨스 대학병원 출신 외과의사 제시 러지어(Jesse Lazear, 1866~1900)가 장본인이다.

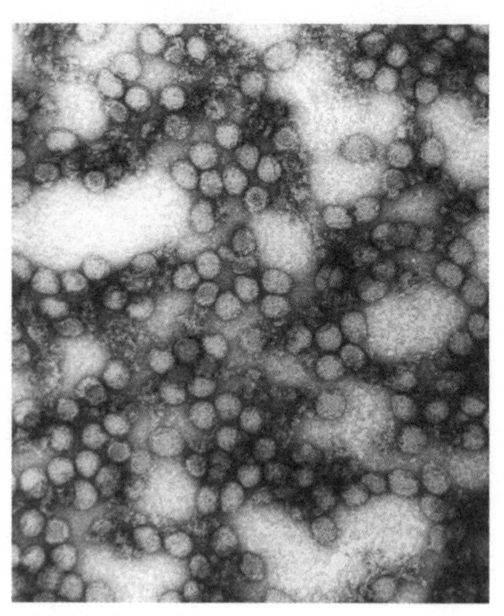

황열병 바이러스.

일부러 모기에 물려 전염성을 입증하다

1900년은 러지어가 실험을 통해 실제로 황열병이 전염된다는 사실을 공개적으로 입증한 해다. 또한 그 위험한 실험 때문에 그가 세상을 떠난 해이기도 하다.

1900년 초 존스홉킨스 병원에서 말라리아와 황열병을 연구하던 러지어에게 좋은 기회가 생겼다. 때마침 황열병이 창궐한 쿠바에 주둔하고 있는 미군 병원에서 근무할 기회를 얻은 것이다. 그는 곧장 지원하여 외과의사로 일하면서 동료들과 황열병의 전염성에 대한 연구를 진행했다.

몇 개월이 지난 어느 날 러지어는 동료들과 황열병이 전염된다는 사실을 입증할 수 있는 방안에 대해 토론했다. 그는 20년 전인 1881년에 카를로스 핀레이(Carlos Finlay) 교수가 주장한 가설을 믿고 있었다. 핀레이 교수는 황열병이 모기에 의해 전염된다는 내용의 논문을 발표했으나 실질적으로 증명할 방법이 없었다.

제시 러지어.

러지어도 퍼스의 선례에 따라 기니피그 과학자가 되기로 결심했다. 그는 동료들에게는 알리지 않고 황열병 바이러스를 보유하고 있는 모기가 자신의 팔을 물도록 했다. 결국 그는 황열병에 걸렸고, 몇 주 만에 병세가 악화되어 사망하고 말았다. 당시만 해도 바이러스나 세균에 대한 연구가 부족했기에 이런 극단적인 실험을 할 수밖에 없었을 것이다. 그러나 그의 희생은 황열병 예방과 연구의 초석을 다졌다. 기니피그 과학자들에게 죽음은 또 다른 의미에서 유레카의 순간이었을 것이다.

혈액의 흐름은 자연의 법칙과 같다

윌리엄 하비와 혈액순환이론

"혈액이 순환한다(circulate)는 하비의 주장이 퍼져 나갔다. 그러나 이로 인해 하비에게는 '서큘레이터(circulator)'라는 별명이 붙게 되었다. 아주 불쾌한 별명이었다.
서큘레이터는 라틴 어 슬랭(slang, 점잖지 못한 말)으로 서커스에 단골로 등장한다. 엉터리 약을 만들어 팔다가 나중에는 줄행랑을 치는 약장사에게 붙이는 이름이다. 환자들도 다 떨어져 나갔다. 하비는 엉터리 돌팔이 의사였다."

대대로 의사에게 주어진 다양한 학문의 기회

중세 유럽의 대학에서는 고대 그리스의 자연철학을 비롯해 여러 학파의 철학을 이단으로 규정했다. 그래서 신학, 법률, 의학은 박사 학위를 받을 수 있는 가장 인기 있는 과목이었다. 특히 의사는 그 수도 많았고, 당시로는 가장 좋은 과학 교육도 받은 직업군이었다. 그렇기 때문에 과학혁명을 일으킨 선구자 중에 의사는 단연 두드러진 존재였다.

자석 연구로 유명한 윌리엄 길버트는 영국 엘리자베스 1세의 시의(侍醫)였으며 혈액순환이론을 주장한 윌리엄 하비(William Harvey, 1578~1657) 역시 찰스 1세의 시의였다. 그들은 주어진 기회를 이용해 의학뿐만 아니라 전자기학, 생물학, 동물학 분야에서 혁신적인 이론을 창안했다.

고대 그리스의 과학 가운데 1,000년이 넘도록 부동의 이론으로 자리 잡은 분야가 있으니 바로 프톨레마이오스의 천동설과 갈레노스의 의학이다. 프톨레마이오스를 무너뜨린 이는 코페르니쿠스였고, 갈레노스를 무너뜨린 이는 바로 윌리엄 하비다.

윌리엄 하비.

갈레노스는 그리스 로마 시대의 가장 유명한 의사다. 실험생리학을 확립한 학자로 해부학의 대가였다. 한때 로마 황제 마르쿠스 아우렐리우스의 시의이기도 했던 그는 사람과 비슷한 영장류인 아프리카 원숭이를 해부하여 혈액의 흐름에 대해 많은 연구를 했고 여러 권의 서적도 남겼다. 서양의학의 기초를 세웠다고 해도 과언이 아니다.

우리 몸에 있는 혈관을 한 줄로 늘어놓으면 약 10만km(지구 둘레의 두 바퀴 반)에 이른다. 심장을 출발한 혈액은 불과 몇 분 만에 온몸을 한 바퀴 돈다. 심장은 피를 짜내는 기관이고, 심장과 피가 생명을 좌우할 만큼 중요한 역할을 한다는 사실은 이미 수천 년 전부터 알려졌었다. 오늘날에는 누구나 피가 온몸을 돌아다니고 있다는 사실을 알지만, 사실 이 사실이 증명된 것은 400년도 채 되지 않는다.

전 세계 공통으로 이발소를 나타내는 표시는 빨간색, 파란색, 흰색의 3가지 색을 섞은 기둥이다. 이 색은 각각 동맥혈, 정맥혈, 붕대를 나타낸다. 그리고 이러한 표기는 중세 유럽의 '이발사-외과의(barber-surgeon)'에서 유래한 것이다. 당시에는 한 사람이 이발사와 외과의사라는 두 가지 업종을 겸업했기 때문이다.

인간 신체는 소우주, 혈액의 순환은 자연의 순환

윌리엄 하비는 영국의 의사로 갈릴레이의 전성기 시대에 파두아 대학에서 의학 공부를 하였다. 그는 갈릴레이의 과학관을 생리학과 의학에 응용하려고 했다. 1628년에 발표한 혈액순환이론에서 그는 "심장은 생명의 기원이다. 그것은 소우주의 태양이다. 또 한편으로 태양을 세계의 심장이라고 부를 수 있다."라고 밝혔다. 그는 아리스토텔레스처럼 심장을 인체의 중심적 통제 기관으로 보았다.

하비는 고대 그리스의 과학자들처럼 사람의 신체를 하나의 소우주로 여겼다. 그리고 이를 바탕으로 혈액의 순환 운동을 자연적 순환 운동과 같은 맥락으로 보았다. 그는 고대 과학에서 높은 위계의 것으로 여겨졌던 천체의 원운동처럼 지상에서도 원운동을 하는 존재를 찾으려고 했다. 그래서 개체의 연속에 의해 종이 유지되는 것을 예로 들었다. 종의 유지를 천체 운동과 비슷한, 일종의 순환 운동으로 여긴 것이다.

하비는 종전의 동맥과 정맥의 완전 분리를 부정하고 피는 원형 행로를 따라 순환한다고 주장했다. 그는 여러 동물로부터 심장의 운동과 특징을 분석하고 피의 운동이 순전히 심장의 기계적 기능 때문인 것으로 설명하였다. 그는 심장이 수축하면 동맥이 확장되고 맥박을 일으키며 피는 심장으로부터 동맥을 거쳐 온몸에 전달된다고 여겼다. 하비는 심장판막의 역할을 발견하였는데 판막은 피의 역류를 막고, 피를 동맥에서 정맥으로 순환시키며, 심장과 폐로 돌아오게 하는 것이었다.

하비 이전에는 피가 간에서 나온다고 믿었다

하비가 등장하기 전까지만 해도 피는 간에서 나와 알 수 없는 힘에 의해 몸속을 이동한다고 믿었다. 사실 간은 사람의 기관 중에서 피가 제일 많은 곳이기도 하다. 그래서 피의 흐름이 간에 의해 조정

된다고 믿었다. 하지만 하비는 대단한 실험을 진행했다. 양의 목 동맥을 잘라서 피가 솟아나는 모습을 지켜본 것이다. 그리고 피가 간에서 나오는 것이 아니라는 것을 깨달았다.

그는 인간이든 동물이든 한시도 쉬지 않고 움직이는 근육 덩어리, 즉 심장이 혈액의 흐름을 관장하고 있다는 걸 알았다. 심장의 펌프질로 인해 피가 온몸을 돌아다닌다는 주장은 당시에는 코페르니쿠스와 맞먹을 정도로 대단한 발상의 전환이었다.

오늘날 심장이 마치 펌프처럼 수축 운동을 하면서 피를 온몸으로 순환시킨다는 사실은 잘 알려져 있다. 그러나 하비가 피의 순환 이론을 밝히기 전까지만 해도 사람들은 로마 시대의 의사였던 갈레노스의 이론을 믿었다. 피는 간에서 만들어져 신체의 각 부분을 이동하고, 영양분을 공급한 뒤에는 없어진다는 생각이었다. 그 당시 혈액의 움직임은 바닷물과 비슷해서 썰물과 밀물처럼 왔다 갔다 할 것이라고 생각했다. 그리고 그러한 피의 움직임은 심장이 아니라 동맥, 즉 혈관이 스스로 수축하고 이완하는 과정에서 비롯된다고 여겼다.

심장은 양수기 펌프, 혈관은 고무호스

논에 물이 없으면 벼는 말라 죽는다. 그래서 저수지의 물을 끌어와야 하는데 이때 양수기가 필요하다. 자동 펌프 양수기를 통해 저

지대의 물을 끌어 올려 고지대의 논에 공급한다. 고무호스를 통해서 말이다. 결국 심장은 펌프질 하는 양수기이고 혈관은 고무호스가 되는 것이다.

자연이 유기체적인 상호작용에 의해 생명력을 유지하는 것처럼 인체의 생명력도 인체 내에 있는 수많은 장기와 기관이 서로 돕고 협력하는 유기체적인 작용에 의해 유지된다. 하비는 바로 이러한 자연의 유기체적 이론 속에서 인체를 설명하려고 했다. 그리고 그 주장은 혈액순환이론과 맞아떨어졌다.

그러면 피가 순환한다는 현상을 어떻게 입증할 수 있을까? 하비는 용기 있는 실험에 착수했다. 단단한 끈으로 팔목을 묶어 피가 순환한다는 사실을 사람들에게 직접 보여 주었다.

이 실험은 '공기의 부피는 압력에 비례한다'는 진공펌프에 대한 로버트 보일의 실험과 함께 역사상 가장 유명한 시범(demonstration)으로 알려져 있다.

하비는 사람의 팔 윗부분을 철사 끈으로 단단히 묶었다. 동맥과 정맥으로 다니는 피의 흐름을 차단하기 위해서였다. 그러자 동여맨 팔의 아랫부분이 차갑고 창백해졌다. 그리고 윗부분은 따뜻하게 부풀어 올랐다.

동여맨 끈을 조금 느슨하게 풀자 팔 아랫부분에서 반대 현상이 일어났다. 다시 팔이 따뜻해지고 부풀어 오른 것이다. 정맥 또한 피로 가득 찼기 때문에 선명하게 보였다. 오늘날 병원의 간호사들은 혈관 주사를 놓기 위해 팔을 고무줄로 묶는다. 그러면 혈관이 부풀

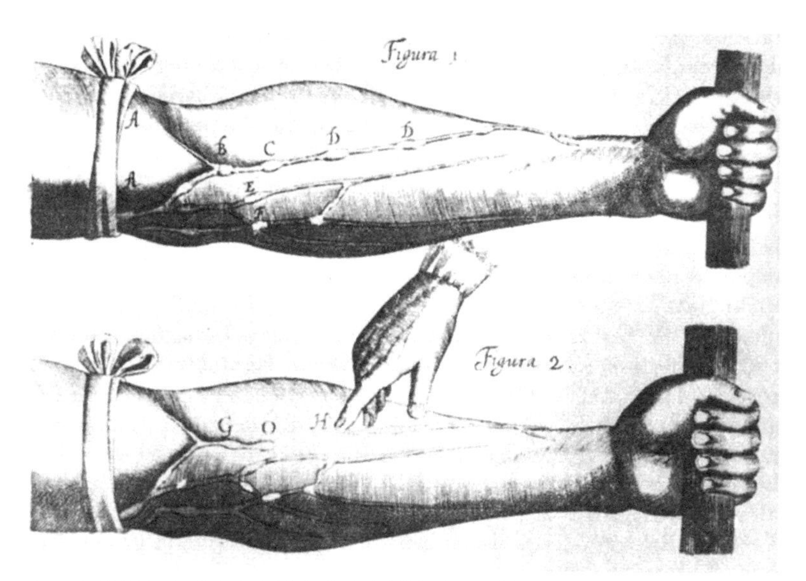

1958년 독일의 한 의학서에 실린 하비의 실험 과정 그림.

어 올라 찾기 쉬워진다.

하비는 이 실험을 진행함으로써 피가 정맥을 통해 심장으로 돌아가고, 혈관 속의 피는 한쪽 방향으로만 흐른다는 것을 입증했다. 그는 아주 간단한 실험만으로 위대한 이론을 성립시켰다. 이처럼 진리는 간단한 곳에 있다. 다만 그것을 찾는 작업이 어려울 뿐이다.

3
E=mc2
%
c
b
1

3부

연쇄 호기심 반응을 불러일으킨 위대한 우연의 순간들

쌀겨에서 위대한 영감을 얻다

비타민을 발견한 카시미르 풍크

"세상의 소금 같은 사람이 되어라."라는 덕담만큼 "세상의 비타민 같은 사람이 되어라."라는 말도 자주 쓰인다. 뿐만 아니라 "오! 당신은 나의 비타민, 지친 영혼을 위한 비타민." 등 비타민을 빗댄 문구도 여럿이다.
도대체 비타민이 무엇이기에 고귀한 사랑에 빗댈 수 있을까? 결론부터 말하자면 비타민은 대수롭지 않거나 헤프게 여길 물질이 아니다.

호르몬과 비타민의 차이

비타민은 매우 적은 양으로 물질대사나 생리기능을 조절하는 필수 영양소이다. 비타민은 소량으로 신체 기능을 조절한다는 점에서 호르몬과 비슷하다고 할 수 있다. 그러나 신체의 내분비기관에서 합성되는 호르몬과 달리 비타민은 외부로부터 섭취되어야 한다. 비타민은 체내에서 전혀 합성되지 않거나, 합성되더라도 충분하지 못하기 때문이다.

이렇게 체내 합성 여부에 따라 호르몬과 비타민으로 구분하기 때문에, 어떤 동물에게는 비타민인 물질이 다른 동물에게는 호르몬이 될 수도 있다. 예를 들어 신체를 활성산소로부터 보호하는 데 기여하는 황산화 물질인 비타민 C는 사람에게는 비타민이지만 토끼나 쥐를 비롯한 대부분의 동물은 몸속에서 스스로 합성할 수 있기 때문에 호르몬이라고 할 수 있다.

비타민은 탄수화물 · 지방 · 단백질과는 달리 에너지를 생성하지 못하지만 우리 몸의 여러 기능을 조절한다. 따라서 비타민의 필요량은 매우 적다. 하지만 생체 반응에 있어 효소의 기능이 매우 중요하기 때문에 소량이라 할지라도 필요한 양만큼 공급되지 않으면 영양소의 대사가 제대로 이루어지지 못한다. 그만큼 중요한 물질인 것이다.

고대부터 있었던 비타민 결핍증

물론 비타민에 대한 연구가 본격화된 것은 20세기 초의 일이다. 비타민에 대한 화학적 조성과 영양학적 중요성에 대한 우리의 지식이 아주 최근의 것이라는 뜻이다. 그러나 비타민 결핍증에 대한 역사는 상당히 오래전인 고대로 거슬러 올라갈 수 있다.

영양 결핍 증상으로 알려진 첫 번째 질병은 비타민 C가 부족해 일어나는 괴혈병이다. 비타민 C는 우리 몸의 결합 조직을 구성하는 콜라겐의 합성에 필수적인 역할을 하기 때문에 비타민 C 결핍이 심하면 잇몸 출혈, 장 출혈, 혈변, 혈뇨가 나타나다가 사망에 이를 수도 있다.

기원전 1500년경, 이집트에서는 겨울 동안 신선한 야채가 부족할 때 괴혈병이 발생했다는 내용을 파피루스에 기록했다. 의학의 아버지 히포크라테스는 기원전 5세기경 괴혈병으로 인한 증상과 죽음에 대하여 묘사했다.

이뿐만이 아니다. 1250년경 십자군을 이끌고 원정에 나섰던 프랑스의 왕 루이 9세가 퇴각한 것도 바로 치명적인 괴혈병 때문이었다. 결국 그는 퇴각하다가 포로로 잡히는 굴욕을 안게 된다. 하지만 괴혈병이 악명을 얻게 된 것은 역사가 소위 '탐험의 시대(Age of Exploration)'에 돌입하면서부터다. 국가 간의 경쟁이 심해지면서 바다 항해도 점점 길어졌기 때문이다.

과일을 먹고 건강해진 괴혈병 환자들

콜럼버스가 신대륙을 발견하기 위해 항해를 하는 동안 몇 명의 포르투갈 선원이 괴혈병에 걸리고 말았다. 그들은 배 안에서 비참하게 죽는 것보다 외로운 섬에 남겨져 생선만 먹더라도 어느 정도 연명하다가 죽는 편이 낫겠다고 여겼다. 그래서 콜롬버스에게 자신들을 근처 섬에 내려 달라고 애원했다.

콜럼버스는 몇 달 후 귀국하는 길에 그 섬 근처를 지나게 되었다. 이미 세상을 떠났을 것이라고 생각했던 선원들은 건강한 몸으로 해변에서 손을 흔들며 기뻐했다. 배의 선원들은 경악을 금치 못했다. 콜럼버스는 신선한 과일이 풍부했던 그 섬을 '고친다(cure)'라는 의미를 담아 'Curocoo'라고 이름 붙였다.

1900년대 초까지만 해도 동물의 성장과 생명 유지에 필요한 성분은 탄수화물 · 단백질 · 지방 · 무기질 · 물 등 5가지라고 생각했다. 이러한 성분들만 갖춰진다면 동물은 어떠한 방해도 받지 않고 건강하게 성장할 것이라고 여긴 것이다.

그러나 실상은 그게 아니었다. 이 영양 물질들을 고루 포함한 사료를 만들어 주어도 동물들은 정상적으로 성장하거나 생존하지 못한다는 사실을 알게 되었다. 그래서 사람들은 생존에 필요한 또 다른 물질이 있을 것이라는 결론에 이르게 되었다.

세계 여러 나라의 실험실에서 동물의 성장과 생명 유지에 필수적인 물질이 무엇인지 밝혀내기 위해 활발한 연구가 진행되었다. 그러나 큰 진전이 없었다. 그러다가 1912년 폴란드 출신의 한 화학자가 이에 대한 해답을 제시했다.

현미에서 비타민의 비밀을 발견하다

당시 영국의 리스터 예방의학연구소에서 근무하던 카시미르 풍크(Casimir Funk 1884~1967)는 쌀겨에서 각기병 예방에 효과가 있는 성분을 분리해 내는 데 성공했다. 이것이 바로 비타민의 시초로, 비타민 B1(또는 thiamine)에 해당되는 성분이었다. 풍크는 이 물질 안에 질소를 함유한 유기물질인 아민(amine)이 들어 있다는 것도 밝혀냈다.

그는 이 유기물을 'vitamine'이라고 명명하였다. 생명을 의미하는 라틴 어 'vita'와 'amine'의 합성어로 생명 유지에 필수적인 물질이라는 뜻이었다. 그러나 그 후 다른 화학자들에 의해 모든 비타민이 아민을 함유하고 있는 것은 아니라는 사실이 밝혀졌다. 그래서 'vitamine'에서 마지막 'e' 자를 제거할 것을 제안하였고 지금까지 이렇게 통용되고 있다.

현재까지 많은 종류의 비타민이 발견되어 약품으로 생산되었다. 비타민들의 이름은 그들의 발견 순서에 따라 알파벳의 대문자가 붙여진다. 또는 비타민 K처럼 체내 기능을 나타내는 단어의 첫 글자를 따기도 한다. 때에 따라서는 그들의 화학명으로 불리기도 한다.

카시미르 풍크.

19세기에 과학자들은 쌀을 주성분으로 하는 음식물에 백미(白米)를 현미(玄米)로 대체한 결과 각기병을 막을 수 있다는 것을 알았다. 이러한 관찰이 있었음에도 불구하고 비타민의 존재는 20세기 초가 되어서야 밝혀졌다.

자, 그러면 우리 인류에게 건강과 희망을 선사한 비타민은 어떻게 발견된 것일까? 풍크는 과연 어떤 기회와 어떠한 관찰을 통해 이 비타민을 발견한 것일까? 그는 어떻게 쌀겨를 생각해 낸 것일까? 그리고 그 속에 비타민이 있다는 사실은 어떻게 알았을까? 과연 그에게 찾아온 '행복한 순간'은 무엇이었을까?

우선 당시 상황을 의학적인 면에서 알아보자. 당시만 하더라도 '베리베리(beri-beri)'라고 불리는 각기병이 유행이었다. 비타민 B의 결핍에서 오는 영양실조 증세의 하나로 다리가 붓고 맥이 빨라지는 질환이다. 게다가 악화되면 죽음으로까지 이어질 수 있을 정도로 심각한 질병이었다.

그런데 이름이 좀 이상하지 않은가? 이 단어의 기원에는 여러 의견이 있지만 가장 설득력이 있는 주장은, 쌀을 주식으로 삼는 스리랑카의 신할라 부족의 말이라는 것이다. '베리'란 "weak(약한), weak." 또는 "I can not(할 수 없어), I can not."이라는 뜻으로 강조를 위해 두 번 되풀이했다는 것이다.

풍크는 이 병이 쌀을 주식으로 삼는 아시아에서 주로 발병한다는 사실에 주목했다. 1630년 보니터스(Jacob Bonitus)라는 네덜란드 의사가 인도네시아 자바에서 일하는 도중 이 각기병을 만나게 되었다는 것도 알게 되었다.

당시 아시아에서는 맛과 보관 문제 때문에 현미보다는 도정된 백미가 유행이었다. 그래서 중산층 이상의 사람들은 백미를 주로 먹었으며, 도정할 여유가 없는 하류층 사람들은 거친 현미를 먹었다. 그런데 각기병은 백미를 먹는 상류층 사람들에게만 발병되었다.

다른 예도 있다. 영국에서 교육을 받은 일본 해군성 의사 '카네이로'는 서구식 식단이 제공되는 고위급 장교에 비해 쌀 위주의 식단이 제공되는 하위급 장교에게 각기병이 더 많이 발생한다는 사실을 관찰했다. 결국 각기병의 발병은 식단과 관련이 있다는 것을 알게 되었다.

비타민을 발견하는 데 있어 풍크에게 영감을 준 것은 두 가지였다. 하나는 1876년의 연구 결과로 육류 통조림만 먹은 개는 잘 자라지 못한다는 것이다. 다른 하나는 네덜란드 출신의 크리스티안 에이크만(Christiaan Eijkman)의 연구였다. 그는 도정한 쌀, 즉 백미만을 먹인 비둘기가 병에 걸렸는데 현미를 먹이자 다시 회복한 것을 확인했던 것이다.

크리스티안 에이크만.

에이크만은 각기병의 원인이 쌀겨에 있는 어떤 물질의 결핍에서 기인된다는 것을 확인했고, 이는 비타민 B1을 발견하는 데 결정적인 단서가 되었다. 이 연구는 쌀을 주식으로 하는 동양의 의학계 발전에 크게 공헌했다. 에이크만은 이 업적으로 노벨 생리의학상을 받았다.

풍크의 비타민 발견에 도움을 준 또 다른 연구가 있다. 1906년 초 네덜란드 출신의 영국 의사 프레더릭 홉킨스의 연구이다. 홉킨스는 우리 몸에 필수영양소인 탄수화물, 지방, 단백질, 소금은 공급했지만 우유를 주지 않자 성장을 멈추었음을 확인했다. 그는 필수영양소 이외에도 필요한 보조 영양소가 있다는 보고서를 냈다. 그러나 그것이 과연 어떤 물질인지, 그리고 그 물질이 인체 내에서 어떤 역할을 하는지는 밝혀내지 못했다. 풍크는 곧 우유 속에 우리 몸의 건강을 유지시키는 어떤 요소(나중에 비타민으로 밝혀졌다)가 있다는 것을 확신했다.

감귤류가 괴혈병을 예방하며 현미(또는 왕겨)가 각기병에 효과가 있다는 것은 이미 잘 알려진 사실이다. 그러나 문제는 그 이유를 밝히는 것이다. 풍크는 그에 대한 해답을 찾기 위해 도정 과정에서 사라지는 검은빛의 겉 부분(쌀겨)을 추출해 실험에 착수했다.

그는 결국 쌀의 겉 부분에 각기병을 치료해 주는 물질이 존재한다는 것을 알아냈다. 이어서 비둘기에게 현미만을 주는 실험에 착수했다. 몇 주가 지나기도 전에 비둘기는 몸무게가 줄고 병약해지는 것을 확인할 수 있었다. 하지만 쌀겨를 먹이자 다시 건강을 회복했다. 결국 단백질이나 아미노산의 부족 때문에 병이 생기는 것이 아님을 확신하게 되었다. 또한 쌀겨뿐만 아니라 효모 추출물을 먹인 비둘기도 건강을 되찾았다는 사실을 확인했다.

이제는 모든 것이 분명해졌다. 그는 「On the Chemical Nature of the Substance which Cures Polyneuritis in Birds Induced by a Diet of Polished Rice」라는 제목의 논문을 발표했다. 동시에 이 성분을 'vitamine'이라고 명명했다. 훗날 'e'를 없애고 오늘날 'vitamin(비타민)'이 된 과정은 앞서 설명했다.

제2차 세계대전 이후 미국으로 건너간 풍크는 비타민 제조 기업의 연구원으로 재직하면서 비타민과 건강과의 관계를 연구하는 데 일생을 바쳤다. 그는 비타민을 발견한 것이 아니라 인간의 생명을 구하는 숭고한 업적을 이룩한 과학자였다. 현미라는 보잘것없는 물질에 대한 끈질긴 탐구가 만들어 낸 위대한 발견인 것이다.

인류를 구원한 소젖 짜는 소녀

에드워드 제너와 천연두 백신

"내가 이제까지 이룩한 연구가 가장 커다란 재앙(천연두)을 없앨 수 있는 도구라고 확신했을 때의 기쁨은 너무 대단해서 마치 꿈같은 환상에 빠지는 것 같았다."

1979년, 천연두는 완전히 근절됐다

1979년 12월, 세계보건기구(WHO)는 인류의 역사와 함께한 무시무시하고 지긋지긋한 전염 질환인 천연두가 지구상에서 완전히 '근절되었다'고 공식 선언했다. 과학기술이 발전하고 의학계의 중요한 발견이 이루어지면서 의료 방법이나 위생 시설이 개선된 탓도 있지만 근본적인 이유는 제너(Edward Jenner, 1749~1823)의 백신 개발 덕분이었다.

에드워드 제너.

'천형(天刑)'이라는 말은 하늘이 준 형벌이라는 의미로 그만큼 고통스럽고 곁에서 지켜보기 끔찍한 병을 뜻한다. 그래서 흔히 사지가 썩어 들어가고 눈썹이 빠지는 나병(문둥병)을 천형이라고 일컬었다. 그러나 오늘날의 천형이 무엇이냐고 묻는다면 아마 에이즈(AIDS)를 떠올릴 것이다.

그러나 지금처럼 의학이 발달하기 전에는 전염 속도 그리고 치사율에서 문둥병이나 에이즈를 능가하는 질병이 수두룩했다. 예를 들어 결핵, 홍역, 콜레라, 말라리아가 그랬다. 여러 변이를 통해 전 세계를 괴롭히는 인플루엔자도 빼놓을 수 없다.

14세기 중엽부터 17세기 중엽까지 300여 년 동안 유럽을 완전히 초토화시킨 흑사병(페스트)도 마찬가지로 천형이라 일컬을 만하다. 살덩이가 썩어서 검게 변하는 이 질환은 유럽 인구의 3분의 1을 몰살시키며 악명을 떨쳤다. 그러나 그 가운데서도 가장 잔인했던 질병은 천연두였다. 20세기에만 천연두로 인한 사망자 수가 약 3억 명에 달할 정도였다.

기원전 1만 년경에 나타난 질병

천연두의 역사는 인류의 역사나 마찬가지라고 해도 과언이 아닌데, 인류 역사상 처음으로 농업이 정착되었던 시기인 기원전 1만 년경에 나타난 것으로 알려져 있다. 그곳에서 고대 이집트 상인들에 의해 유럽과 인도로 퍼져 나간 것으로 짐작된다.

천연두로 인한 피부 병변(病變, 병으로 인해 일어나는 생체의 변화)의 최초 증거는 이집트의 파라오 람세스 5세(기원전 1156년 사망)의 미라 얼굴에서 발견되었다. 그리고 비슷한 시기에 고대 아시아 문명권에서도 천연두 흔적을 찾아볼 수 있다. 기원전 1112년경 중국의 문헌에서 천연두가 묘사되었고 인도에서는 산스크리트 텍스트에 언급되어 있다.

천연두는 아메리카 신대륙에는 알려지지 않았으나 16세기에 스페인과 포르투갈 정복자들이 건너오면서 퍼지기 시작했다. 이로 인해 원주민 인구가 격감했는데 특히 화려한 문명의 아즈텍과 잉카 제국의 미스터리한 멸망의 배경에는 천연두가 있었다고 설명된다. 유럽 인과 달리 신대륙 사람들은 이 끔찍한 전염병에 대한 면역력이 전혀 없었던 까닭이다.

천연두에 걸리면 고열과 함께 얼굴과 손발을 비롯한 온몸에 물집이 생긴다. 차차 시간이 지나면서 물집에는 고름이 차고, 결국 딱지가 앉았다가 떨어지면 피부에는 움푹 들어간 흉터가 남는다. 소위 '곰보 자국'이라고 부르는 흉터다. 천연두는 치명적인 질병이다. 그러나 운 좋게 회복된다고 해도 얼굴에 흉한 상처가 남는다.

메리 몬터규.

18세기 영국에서 안전하고 효과적인 예방법이 개발됨으로써 인류는 천연두와의 싸움에서 유리한 고지를 확보하게 되었다. 그 쾌거의 주역은 바로 에드워드 제너라는 영국의 의사였다. 그는 최초의 천연두 백신을 개발했다. 그러나 하늘 아래 새로운 것은 없다. 과학 분야에 독불장군도 없다. 종두법의 원리는 제너가 최초로 발견한 것이 아니다. 정확한 기원을 알 수는 없지만 천연두 균을 이용한 면역 방법은 그보다 훨씬 이전부터 알려져 있었다.

제너에 앞선 18세기 초, 영국의 여성 작가 메리 몬터규(Mary W. Montagu)는 천연두 백신 개발의 선구자였다. 그녀는 작가이면서도 뛰어난 미모를 갖추고 있었다. 남편은 외교관이었고 그녀는 사교계에서 단연 두각을 나타냈다.

그러면 지성과 미모를 갖춘 그녀가 어떤 이유에서 지긋지긋한 천연두와 인연을 맺게 된 것일까? 그리고 제너의 백신 개발에 어떤 영향을 주었을까? 그에 대한 궁금증은 잠시 접고 백신의 역사와 원리에 대해 짚고 넘어가자.

약한 균으로 강한 균을 죽이는 원리

'이이제이(以夷制夷)'는 오랑캐를 이용해 오랑캐를 제압한다는 뜻의 사자성어다. 이런 차원이라면 백신은 독(균)으로 독을 제압하는 '이독제독(以毒制毒)'의 원리라고 볼 수 있다. 약한 병원균(항원)을 몸에 주입하여 강력한 병원균에 저항할 수 있는 항체를 만들어 내는 원리이기 때문이다.

신체는 정교한 소우주다. 외부 침입자로부터 우리 몸을 보호하는 면역 체계라고 불리는 방어 시스템을 잘 갖추고 있다. 박테리아나 바이러스가 침입하더라도 이에 대항할 수 있는 진지를 구축할 수 있다. 면역 반응은 가장 강력한 방어 수단이다.

우리는 이러한 항체를 갖고 태어나지는 않지만 위험에 처했을 때 그에 대한 대처 방안으로 항체를 만들어 낸다. 예를 들어 우리는 수두에 대한 항체를 가지고 태어나지 않지만 수두바이러스에 노출되면 시간이 다소 걸리더라도 점진적으로 이를 퇴치할 수 있는 충분한 항체를 만든다.

그렇다면 왜 백신이 필요한가? 우리 몸이 다 알아서 할 일인데 말이다. 그러나 몸은 갑작스러운 외부의 침입자에 대해 방어 능력을 구축하는 데 어느 정도 시간이 걸린다. 다시 말해서 충분한 항체가 만들어지기 전에 바이러스의 파괴력에 압도당하여 죽는 경우도 생긴다.

백신의 역할이 바로 그렇다. 유사시를 대비해 충분한 항체를 구축하는 일이다. 이러한 항체를 만들기 위해서는 몸이 바이러스에 직접 노출되어야 한다. 그래서 인체가 안전할 수 있도록 독성을 아주 약화시킨 바이러스나 또는 죽은 바이러스를 주입하여 면역 반응을 이끌어 낼 수 있다. 인류가 처음으로 백신의 원리를 발견했다는 기록은 기원전 429년 그리스의 역사학자 투키디데스가 남겼다. 그는 당시 아테네에서 천연두에 걸렸다가 회복된 사람은 다시는 이 병에 걸리지 않는다고 기록했다.

인두 접종은 훨씬 앞서 중국에서 행해져

고대 중국에서는 900년경에 인두 접종이라고 부르는 원시적인 형태의 예방접종이 사용되고 있었다. 특히 14~17세기 사이에 인두 접종이 많이 행해졌다. 천연두에 걸린 환자의 고름을 소량 채취하여 분말로 만들어 코나 피부를 통해 건강한 사람에게 투입하면 항체가 생겨 천연두를 예방할 수 있는 원리였다.

이 인두 접종은 동서 문명의 가교인 터키를 거쳐 18세기 초 영국에 도착했다. 당시 천연두는 가장 전염성이 강한 병으로 사망률이 20%에 이르렀다. 그러나 인두 접종을 한 사람들의 사망률은 훨씬 낮았다. 하지만 독성이 너무 강해 건강한 사람도 사망하는 부작용이 부지기수로 발생했다.

바로 이 시기에, 앞서 언급했던 몬터규 부인이 등장한다. 그녀는 인두 접종 방법을 영국에 소개하고 인두 접종의 공식적인 인가를 정부로부터 얻어내는 데 앞장선 일등공신이다. 또 이 인두 접종 기술은 제너가 우두(牛痘, 소에게서 얻은 면역 물질) 접종 기술을 고안해 내는 데 커다란 영감을 불러일으켰다.

몬터규 부인은 출중한 미모와 지성을 갖춘 여행 작가로서 유명했는데 18세기 초 영국에서 최고의 여성 중 한 명으로 꼽힐 정도였다. 그녀는 시적인 감각과 문학적 소양이 풍부하고 언변이 탁월하며 라틴 어에도 능숙해 영국 사교계의 찬탄의 대상이었다. 또 편지를 잘 쓰기로 유명해서 당시 영국 왕실과 상류층, 교황청 인사들까지 그녀와 편지를 주고받기를 희망했다. 실제로 그녀의 편지들을 모은 책이 여러 권 출간되기도 했다.

그녀는 터키 주재 영국 대사로 임명된 남편을 따라 한동안 이스탄불에 체류하게 되었다. 그런데 그만 그곳에서 천연두에 걸리고 말았다. 다행히 목숨은 건졌지만 아름다운 자태를 잃고 말았다. 그녀의 심정은 차마 말로 표현할 수 없었다.

효과만큼 부작용도 컸던 인두 접종

그러나 몬터규 부인은 실망하지 않고 당시 중국에서 도입되어 터키에서 부분적으로 시행되고 있었던 인두 종두법에 관심을 가졌다. 의지가 단호했던 그녀는 유명한 영국 외과의사 매틀랜드(Charles

Matland) 박사를 콘스탄티노플로 불러들여 자기 아들에게 접종하게 했고 성공을 거둔다. 1721년 천연두가 영국을 휩쓸기 시작하자 그녀는 딸에게도 접종해서 성공한다. 이러한 사실이 널리 알려졌고 영국 왕실은 그녀의 주도하에 사람에게 접종하는 것을 공식 허락한다. 더구나 1722년에는 인두 접종을 이용해 2명의 왕자를 치료한 후부터 큰 호평을 받았다.

또한 인두 접종의 효과를 확인하기 위해 뉴게이트 감옥(Newgate Prison)의 죄수 20여 명에게 접종을 실시했다. 결과는 완쾌였고 실험 대상이 되어 준 대가로 죄수들은 석방되었다. 인두 접종은 이런 과정을 거쳐 의학계에 자리 잡게 되었다.

하지만 제너는 이 방법이 권장할 만한 방법은 아니라고 생각했다. 천연두 예방을 위해 인두 접종을 받고는 도리어 천연두에 걸려 죽는 사람이 많았다. 제너는 인두 접종 외에 다른 방법이 있을 거라고 확신했다.

당시 영국에서는 부분적으로 인두 접종이 실시되고 있었다. 하지

18세기 인두 접종 기구.

만 영국을 비롯한 유럽의 여러 국가에서는 우두 접종에 대한 연구가 시도되었다.

제너가 견습생이었던 무렵, 그는 비교적 위험성이 적은 질환인 우두에 걸렸던 사람은 천연두에 노출되어도 감염되지 않는다는 사실을 발견했다. 소젖을 짜는 일을 하는 여성들은 신기하게도 천연두에 걸리지 않는다는 속설이 널리 퍼져 있었는데 제너는 여기에 주목했다. 그리고 이를 바탕으로 우두를 앓은 사람은 천연두에도 면역력을 갖게 되는 것이 아닐까 추측을 내놓았다. 제너에게는 여기에 대한 체계적인 연구가 필요했다.

우두를 주사하면 천연두를 막아 낼 수 있다

제너는 소의 우두가 사람의 천연두를 막아 낼 수 있기 때문에 우두를 다른 사람에게 접종하면 계획적으로 천연두를 예방할 수 있겠다는 결론을 내렸다.

"단순히 추상적으로 생각하는 것이 아니라, 근본적으로 인류에게 유익함을 주는 희망이 될 때까지 연구하고 노력할 것이다. 어떤 일이 있어도, 얼마나 많은 시간이 걸리더라도……."

제너는 자신의 판단을 입증하기 위해 과감히 행동으로 옮기기로 결심했다.

"과학기술의 진정한 주인은 그 아이디어를 떠올린 사람이 아니라 그 아이디어를 세상에 입증한 사람이다."

이 말은 우생학의 창시자이며 다윈의 사촌인 갈톤(Francis Galton)이 남겼다. 다시 말하자면 실증적인 실험 결과를 바탕으로 논문을 작성하고 권위 있는 학술지에 실어 인정을 받아야 과학적인 발견과 발명의 주인공이 될 수 있다는 것이다. 소위 지적재산권이나 특허를 온전히 자신의 것으로 만들기 위해서는 이러한 절차를 밟아야 한다. 머릿속의 아이디어만으로는 안 된다. 누구나 납득할 수 있는 연구 결과를 내놓고 공인을 받아야 하는 것이다.

소젖 짜는 여자의 우두균을 건강한 아이에게 주입

우두 접종의 효과를 인정받기 위한 제너의 획기적인 시도는 유명하다. 1796년 5월 14일 그는 자신의 가설을 입증하기 위해 사상 최초의 우두 접종 실험을 실시하였다.

실험 대상자는 소젖을 짜는 사라 넴스(Sarah Nelmes)라는 젊은 여인이다. 우두를 앓은 지 얼마 되지 않아 손가락의 종기를 치료해 달라고 그를 찾아온 환자였다. 훗날 그녀에게 우두를 옮긴 '블로섬(Blossom)'이라는 이름의 암소의 가죽은 우두법 발견을 기념하여 세인트조지 의과대학에 기증되었다.

제너는 넴스의 손가락 상처에서 물질(농균)을 뽑아 자기 집 정원사의 아들인 제임스 핍스(James Phipps)라는 8세 소년의 팔에 접종했

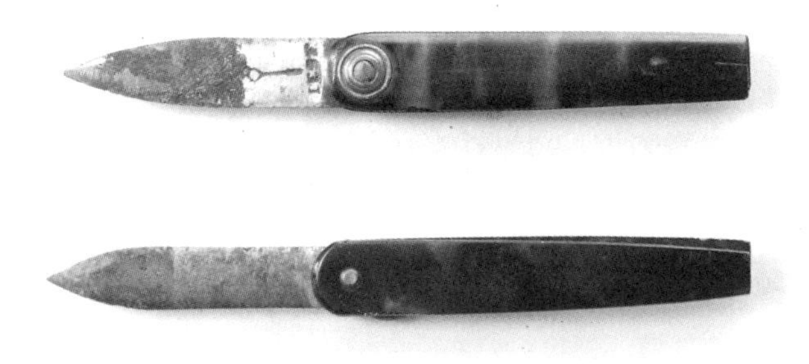

제너가 우두 접종 실험에 사용한 실험 도구.

다. 주사기가 발명되기 이전이었기 때문에 핍스의 팔에 상처를 낸 다음 나뭇조각에 고름을 묻혀서 상처 부위에 문지르는 방법으로 주입했다.

얼마 지나지 않아 이 소년에게 미열이 나고 약간의 병변이 나타났다. 그러나 10일이 지나자 완전히 회복되어 접종을 하기 전의 건강한 상태로 돌아갔다. 첫 단계 실험은 일단 성공적으로 끝난 셈이다. 그로부터 한 달 반이 지난 7월 1일, 제너는 그 소년에게 이번에는 천연두 환자에게서 뽑은 농균을 다시 접종했다. 이번에는 아무런 병이 생기지 않았다. 소년에게 천연두 항체가 생긴 것이다.

자료 불충분으로 논문이 거절당하다

제너의 실험은 천연두에 대한 완전한 면역이 생겼다는 놀라운 결과를 의미했다. 인류의 의학사에 커다란 획을 긋는 순간이었다. 1797년 그는 영국 왕립학회에 실험 결과를 설명하는 짧은 논문을 제출했다.

하지만 이 논문은 거부당했다. 당시 제너의 논문은 혁명적이었기 때문에 더 많은 증거가 필요하다는 이유에서였다. 시대를 앞서는 과학적 발견과 발명들 대부분이 발표 초기에는 크게 인정받지 못한다. 선각자가 감내해야 하는 고통인 것이다.

그러나 제너는 여기에서 실망하지 않았다. 1년 후 더 많은 사람을 대상으로 한 우두 접종 결과 사례를 모아 논문을 보완하고 재정리하였다. 더 나아가 「우두 백신의 원인과 결과에 관한 연구」라는 이름으로 소책자도 출판했다. 그러나 이 논문에 대한 반응 또한 그다지 호의적이지 않았다.

백신의 성공 여부를 확인하기 위해 소중한 아이들을 실험 대상으로 삼았다는 비판도 많았다. 그러나 실상은 이처럼 과장된 이야기와 달랐다. 물론 제너의 인간성과 인류애를 강조하기 위해 부풀려진 이야기이다. 그에게 아이들은 단순한 실험 대상자가 아니었다.

처음에 제너는 라틴 어로 소를 뜻하는 단어 '바카(vacca)'에서 따와 백신이라는 의미로 사용했다. 오늘날 널리 사용되는 '백신(vaccine)'이라는 단어는 그로부터 100년이 지나 광견병 백신을 개발한 파스퇴르가 만든 말이다. 그리고 여기에서 '예방접종(vaccination)'이라는 말도 생겨났다.

동료 의사들의 시기와 질투

선구자는 여러 가지 난관이나 불쾌한 상황에 처하기도 한다. 제너도 마찬가지였는데, 외과의사였던 조지 피어슨은 제너의 명성을 떨어뜨리고 음해하려는 시도를 했다. 천연두 병원의 의사인 우드빌은 우두 접종 물질에 천연두 바이러스(백신이 아닌 생균)를 넣기도 했다. 그러나 종두법의 가치는 빠르게 증명되었다. 그에 따라 제너의 운신의 폭이 넓어졌고 종두법을 더욱 확산시킬 수 있는 발판도 마련되었다. 종두법은 유럽과 미국 그리고 세계 전역으로 빠르게 전파되었다.

종두법은 간단해 보인다. 적당량의 우두균을 접종하면 그만이다. 마치 오늘날의 예방주사처럼 말이다. 그러나 당시의 많은 사람들은 일부러 혹은 무의식적으로 제너가 추천한 절차를 따르지 않아 효과가 감소되는 경우가 많았다. 또한 순수한 우두 백신을 구하는 것도 쉽지 않았고 그것을 저장하거나 이송하는 일도 어려웠다. 그러나 많은 실패와 속임수에도 불구하고 종두법은 빠르게 보급되었고 천연두로 인한 사망률도 급격히 감소했다.

우두를 접종 받으면 소로 변한다?

이러한 업적에도 불구하고 제너는 여전히 많은 사람들로부터 비난과 조롱을 당했다. 특히 성직자들로부터, 병든 짐승의 분비물을 사람에게 주입하는 것은 신을 섬기지 않고 배반하는 혐오스럽고 사악한 일이라고 비난을 받기도 했다. 심지어 신이 천벌로 내린 전염병을 인간이 극복한다는 것은 신성 모독이라고까지 했다. 이후 매독을 비롯해서 여러 가지 전염병의 치료법이 발견될 때마다 유사한 논리가 등장하곤 했다.

우두 접종을 받으면 사람이 소로 변한다는 헛소문까지 나돌았다. 접종 과정에서 위생 문제로 인한 부작용이 종종 생긴 것도 우두법의 악명을 높이는 데 일조했다. 그러나 천연두가 얼마나 무서운 질병인지 기억한다면 결코 제너의 업적을 폄하할 수는 없었다.

수많은 조롱, 비난, 반대에도 불구하고 종두법은 전 세계로 퍼져

우두 접종을 풍자한 제임스 길리의 그림(1802년 작품).

나갔다. 논문이 발표된 지 불과 몇 년 뒤에는 멕시코, 필리핀, 중국 등 지구 반대편(영국의 관점에서 볼 때)에 위치한 국가에서도 우두 접종이 실시되었다.

미국의 작가이자 도서관학의 거두인 로버트 B. 다운스는 제너의 논문을 '세계를 바꾼 책들 (Books That Changed the World)' 가운데 하나로 선정했다. 한때 천연두가 그랬던 것처럼 우두 접종이 이후의 역사에 끼친 영향을 생각하면 충분히 일리가 있다. 가령 1805년 나폴레옹이 전쟁을 앞두고 전군에게 우두 접종을 시키지 않았더라면 오늘날 세계의 역사는 완전히 다른 방향으로 흘러갔을지도 모른다.

끈질긴 집념, 예리한 관찰력, 인간애가 낳은 걸작

미국의 토머스 제퍼슨 대통령은 1806년 제너에게 다음과 같은 편지를 보냈다.

"귀하는 인류 역사에서 가장 심각한 질병을 퇴치했습니다. 우두 접종법으로 인해 인류는 귀하의 존재를 영원히 기억할 것입니다. 후손들은 인류의 역사에 천연두라는 끔찍한 질병이 존재했었으며 또한 귀하가 그것을 박멸했다는 사실을 결코 잊지 않을 것입니다."

고향과 런던을 오가며 천연두 백신 연구를 지속하던 제너는 1821년에 국왕 조지 4세의 특별 시의로 임명되는 영예를 누렸다. 고향 버클리에서는 시장과 치안 판사를 역임했다. 1823년 1월 25일

제너는 갑자기 뇌졸중을 일으켰다. 이튿날인 26일 끝내 회복하지 못하고 73세의 일기로 세상을 떠났다.

동아시아에서는 '마마(痲痲)'라고 불렀을 만큼 천연두는 전염성이 강한 무서운 질병이었다. 제너는 천연두를 근절시켜 인류에게 희망의 메시지를 선사했다. 끈질긴 집념, 위대한 관찰력, 인류애가 더해져 인류사에 길이 남을 걸작을 만들어 낸 것이다.

> 진정한 영웅은 결코 일만 열심히하는 사람이 아니다. 진정한 영웅은 주의를 기울여 알아채고 이해하는 사람이다.
> 우두 접종을 발명한 친구는 사실 아무것도 새롭게 발명한 것이 없다. 그는 우두에 걸린 사람은 결코 천연두에 걸리지 않는다는 사실을 알아챘을 뿐이다.
>
> −존 그린(미국의 소설가)

하숙집 음식에서 나온 기묘한 발견

게오르크 헤베시와 방사성 추적자

인류가 발견한 과학적 산물 중에 방사선만큼 논쟁의 대상이 되는 것도 없다. 또한 우리에게 베푸는 엄청난 혜택에도 불구하고 그 고마움을 지나치기 쉬운 것도 없을 것이다. 그래서 방사선이 주는 빛은 그림자 속에 파묻혀 있다는 표현이 어울릴지도 모른다.

방사선이 없는 하루는 빛이 없는 하루와 같다

방사선은 위대한 여성 과학자 마리 퀴리가 인류에게 물려준 위대한 재산이다. "방사선이 없는 하루는 빛이 없는 하루와 같다."는 어느 과학자의 지적처럼 방사선은 비단 의학 분야뿐만 아니라 다양한 산업 분야에서 중요한 위치를 차지한다.

방사선을 활용한 과학기술 가운데 '방사성 추적자(radioactive tracer)'라는 것이 있다. 말 그대로 어떠한 물질의 행방을 추적하기 위해 사용하는 방사능 함유 물질을 이용하는 기술을 말한다. 이때 '추적자'로 핵분열을 하는 방사성동위원소를 사용하기 때문에 '동위원소 추적자'라고도 한다. 또는 원소나 물질의 거동을 알기 위해 첨가되는 방사성물질이라는 의미에서 '방사성지시약(radioactive indicator)'이라는 말로도 쓰인다. 이러한 추적자 물질은 검출이 용이하고 검출 감도가 우수한 것이 특징이다.

예를 들어보자. 우리가 들여다볼 수 없는 댐의 깊은 곳에서 물이 샌다고 치자. 그러면 추적자(방사능 물질)를 의심스러운 곳에 넣는다. 그러고 나서 댐에서 나오는 물을 분석하여 추적자가 검출되는지 여부를 파악하면 누수를 진단할 수 있다.

슈퍼마켓에서 물건을 훔치는 도벽이 심한 이웃이 있다. 물론 지

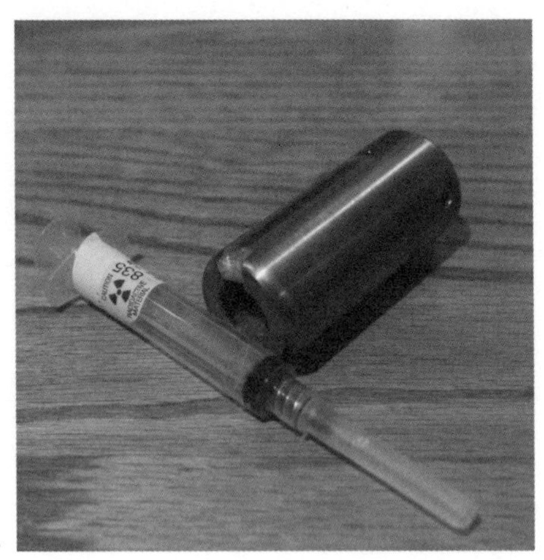

방사성 추적자.

금은 CCTV 시설이 잘 갖추어져 있어 누구인지 쉽게 알 수 있다. 그러나 주로 도난당하는 상품의 표지에 추적자를 발라 두면 범인이 어느 집에 사는 누구인지까지 정확하게 알 수 있다.

세계 거의 모든 병원에서 '추적자'를 사용

오늘날 전 세계의 거의 모든 병원에서 병의 진단과 치료에 방사성 추적자를 이용하고 있다. 또한 방사성의학이라는 독립된 분야가 탄생하기도 했다. 그런데 이 방사성 추적자의 발명에 얽힌 이야기가 흥미롭다. 어느 대학원생이 하숙을 하고 있었는데 그곳에서 식사 때마다 먹다 남긴 음식을 재활용하는 것이 아닌지 의심이 들었던 것이다.

그는 하숙집 주인아줌마에게 증거를 제시하기 위해 방사성 추적자를 이용할 아이디어를 떠올렸다. 그 대학원생의 정체는 나중에 밝혀지겠지만, 방사선 연구의 대가 마리 퀴리의 딸 이렌(Irene Joliot Curie)의 친구라는 사실은 의미심장하다.

러더퍼드를 만나 완전히 바뀐 인생

1911년 1월 학업을 위해 도버 해협을 건너 영국으로 가는 여객선에 오른 헝가리 출신(당시는 합스부르크 제국으로 오스트리아-헝가리를 말함)의 게오르크 헤베시(Georg Hevesy, 1885~1966)는 후회가 막급했다. 심한 뱃멀미 때문이었다. 그는 무려 2주 동안이나 누워 있을 정도였다.

그의 목적지는 맨체스터 대학의 물리학 연구소. 그는 이 연구소에서 가스의 전기저항측정에 대해 필요한 지식을 습득한 다음 고향 헝가리로 돌아가길 바랐다. 굳이 런던에 머무르며 유명한 과학자가 되겠다는 청운의 꿈은 꾸지 않았다.

그 스승의 그 제자라고 했던가? 그러나 헤베시는 당시 물리학의 최고봉에 있던 실험물리학자 어니스트 러더퍼드를 만나면서 인생이 완전히 뒤바뀌게 된다. 고향으로 돌아갈 생각은 아예 잊은 채 연구에 빠져 버린 것이다.

맨체스터에서 만난 러더퍼드는 헤베시의 재능을 한눈에 알아챘다. 러더퍼드는 라듐의 부산물인 라듐-D를 상당량 보유하고 있었다. 하지만 문제가 있었다. 라듐-D에는 많은 양의 납이 섞여 있어서 두 원소를 가려내는 것은 무척 어려운 작업이었다.

게오르크 헤베시.

어느 날 러더퍼드는 헤베시를

데리고 연구실의 지하층으로 갔다. 그곳에는 방사성 납이 보관되어 있었다. 그는 헤베시의 어깨에 팔을 올리고는 숙제를 내주었다.

“이봐. 자네가 받는 급료만큼 제 몫을 하려면 저 성가신 납덩어리에서 라듐-D를 분리해야 하네.”

헤베시는 오히려 너무나 기뻤다. 자신을 배려해 주는 마음에 가슴이 뭉클할 정도였다.

“연구 초년생인 나에게 저런 큰일을 맡겨 주다니!”

러더퍼드는 라듐-D라는 이름으로 알려진 방사성 원자가 독특한 물질이라고 생각했다. 헤베시는 훗날 이렇게 회상했다.

“당시 나는 아주 젊었고 도전 정신으로 무장한 상태였다. 그래서 그 일을 충분히 성공하리라고 확신하고 있었다. 그러나 나의 낙천적인 생각은 오래가지 못했다. 라듐-D는 화학적으로 납으로부터 분리될 수 있는 성질의 것이 아니었다.”

물리학 연구소의 책임자였던 러더퍼드는 헤베시에게 납덩어리 속에서 라듐-D를 따로 분리해 내라는 엄청나게 어려운 숙제를 맡긴 것이다. 하지만 라듐-D의 실체는 방사성 납이어서 화학적인 방법으로는 분리하기가 불가능했다.

이 사실을 몰랐던 헤베시는 납과 라듐-D를 분리하려고 2년 동안 끙끙거리다가 결국 포기하고 말았다. 러더퍼드는 그 숙제가 불가능하다는 걸 알고 있었으면서도 헤베시에게 연구를 맡긴 것이다. 헝가리 태생의 제자를 시험해 본 것일까? 헤베시는 불가능한 일을 자신에게 맡긴 러더퍼드를 원망했다.

러더퍼드는 최고의 물리학자답게 거만한 것도 최고였다. 그는 늘 이렇게 이야기하면서 뻐기곤 했다.

"나는 내 제자에게 희망이 없는(풀 수 없는) 문제는 주지 않아!"

그렇다. 러더퍼드는 헤베시에게 결코 풀 수 없는 숙제를 내준 것이 아니었다. 그러나 꼭 해내고야 말겠다는 헤베시의 집념은 오래 가지 못했다. 그의 집념이 점차 좌절 쪽으로 기울어질 때쯤 건강 역시 악화됐다. 그의 학문적 지식과 감성 역시 완전히 고갈되었다. 그렇게 매달렸던 연구와는 담을 쌓고 싶을 정도였다. 결국 그는 이렇게 탄식하고 말았다.

"나는 완전한 실패자야!"

실패는 '역시' 성공의 어머니

실패는 성공의 어머니인가? 자포자기한 그 순간 그의 머릿속에 거대한 영감이 스쳤다. 납덩어리에서 라듐-D를 분리하는 데는 실패했지만, 소량의 라듐-D를 어떤 물질에 첨가하면 어디에서든지 그 물질의 위치와 경로를 추적할 수 있겠다는 아이디어가 번쩍 떠오른 것이다.

그는 '방사성지시약'을 머릿속에 그리고 있었다.

"그래 바로 그거야! 방사성 추적자를 생산할 수 있겠어!"

20세기 과학을 바꿔 놓은 방사성 추적자 기술은 이렇게 탄생했다. 그는 완전한 패배의 문턱에서 반전을 꾀했고 이것이 성공하여 승리를 낚아챈 것이다.

회의와 의심 속에서 과학기술이 발전한다는 말은 진리와 같다. 헤베시는 자신이 묵고 있던 하숙집의 식사가 재활용인지 아닌지 그 신선도를 알아보기 위해 방사성 추적자 실험을 해 보았다. 덕분에 그는 방사성 추적 기술의 가능성에 확신을 가질 수 있었다.

먹다 남은 음식을 '재탕'하고 있다는 증거!

고국에서 멀리 떠나온 헤베시는 하숙집에서 제공하는 음식이 영 마음에 들지 않았다. 예민한 그는 헝가리의 고향 음식이 무척 그리웠다. 그러던 그는 하숙집에서 나오는 식사 패턴을 유심히 관찰하다가 전에 먹고 남은 음식을 재탕하고 있는 것이 아닌가 의심하기 시작했다.

월요일에 나온 햄버거를 목요일에 나온 소고기 칠리 요리에 다시 사용했다는 느낌이 들었다. 이런 사실을 이야기하자 여주인은 딱 잡아뗐다. 그런데 며칠 후에도 똑같은 음식이 나오자 헤베시는 직접 그에 대한 증거를 찾기로 마음을 먹었다.

그는 이를 확인하기 위해 자신이 먹던 음식에 아주 소량의 방사성물질(라듐-D)을 넣었다. 그리고 간단한 방사능 탐지 도구(금박 검전기)를 사용하여 며칠 뒤의 식사를 점검했다. 유감스럽게도 금박이 약간 기울어지는 것을 발견했다. 이 현상은 그가 전에 남겼던 음식이 재활용되었다는 증거였다.

헤베시는 이 증거를 들이대며 여주인을 몰아세웠다. 아마 하숙집 여주인에게 잔뜩 으스대며 방사성 추적자가 무엇인지 설명했을 것이다.

최신 법의학 도구 때문에 꼼짝없이 범행이 탄로 난 여주인은 감탄한 나머지 전혀 화를 내지 못했다. 하지만 그 뒤로 여주인이 먹다 남은 음식을 재활용하는 버릇을 고쳤는지는 알 수 없다.

헤베시가 원래 생각했던 방사성 추적자의 개념은 라듐-D가 섞여 있는 납을 극소량 녹여 용액을 만든 후 그 용액을 생물체의 몸속에 집어넣고 그 원소의 경로를 추적하는 방법이었다. 생물의 대사 과정 중 라듐-D는 체내에서 이동할 때마다 자신의 위치를 방사능 신호로 알려 주게 된다. 그러면 혈관과 내부 장기 속에 있는 분자들을 아주 선명하게 추적할 수 있다는 아이디어였다.

여기서 힌트를 얻은 헤베시는 동위원소 추적자 기술 개발에 매달렸다. 그는 결국 동위원소 추적자 기술을 개발해 '생명 작용의 화학적 특성에 대한 이해를 높인 공로'로 1943년 노벨 화학상을 받는 영예를 안았다.

유대 인이었던 그는 그해 나치 치하에서 탈출하여 스웨덴에 교수로 정착했다. 이후 방사성동위원소의 대가(大家)가 되었고, 방사선을 이용한 인체의 동적인 상태 연구를 위해 일생을 보냈다.

방사선, 마구와 코뚜레처럼 사용할 줄 알아야

2011년 3월에 발생한 일본 후쿠시마 원전 사고는 방사선 공포에 부채질을 했다. 더구나 방사능 물질이 한반도에 미치는 영향에 대한 당국의 발표가 신뢰성을 잃으면서 방사선과 방사성동위원소에 대한 국민의 불안과 공포감은 더욱 증가했다.

원자력 발전소의 파괴, 핵폭발 등 방사성동위원소의 분열 과정에서 치명적인 방사선이 유출되는 것은 사실이다. 그러나 모든 과학 기술이 그렇듯 항상 빛과 그림자라는 명암이 뒤따른다. 용도에 따라 극과 극일 수 있는 것이다.

우리 조상들은 마구(馬具)를 사용하여 말을 지금의 자가용처럼

원자력 발전소 사고로 유령 도시가 된 후쿠시마 현 나미에의 중심가 모습 © VOA News

마음대로 조종했다. 마찬가지로 코뚜레를 사용하여 소를 마음대로 부렸다. 과학기술 또한 마찬가지다. 과학기술을 어떻게 활용할지 그 열쇠는 우리 인간이 가지고 있다. 그래서 인간을 만물의 영장이라고 하지 않은가?

꿈속에서 뱀이 꼬리를 물고 돌았다!

아우구스투스 케쿨레와 벤젠 구조

과학사의 큰 획을 긋는 발견과 발명은 그저 오는 법이 아니다. 인식의 빛에 도달하기 위해서는 힘든 노력이 필요하다. 다시 말해서 깨달음의 순간에 도달하기 위해서는 밤의 어두움을 통과해야 한다.
아우구스투스 케쿨레(Friedrich August Kekule von Stradonitz, 1829~1896)도 그러한 노력과 어둠을 지난 후에야 벤젠의 구조를 발견할 수 있었다.

꿈이 창의성으로 연결되다

우리의 삶에서 잠이 차지하는 비중은 상당하다. 시간적으로 차지하는 비중도 크지만 우리의 사고 체계나 건강과도 직결된다. 그러나 이토록 중요한 잠에 대해 과학적 연구가 시작된 것은 최근의 일로 20세기 중엽에 이르러서였다.

19세기 철학자들은 뇌에서 자극적인 생각이나 야심이 사라지면 잠이 든다는 개념을 내놓았다. 20세기 초까지 과학자들은 잠을 잔다는 행위는 아무 변화가 일어나지 않는 상태이며 잠을 자는 동안 뇌가 활동을 멈춘다고 생각했다.

그러나 1950년대 렘(REM) 수면이 발견되면서 그 생각은 뒤집혔다. 과학자들은 사람이 90분 간격으로 5단계에 걸쳐 잠을 잔다는 사실을 알아냈다.

렘수면이라는 용어는 이 수면의 특징적인 현상 중 하나인 '급속 안구 운동(rapid eye movement)'에서 따온 말이다. 렘수면은 몸은 자고 있지만 뇌는 깨어 있는 상태의 수면을 말한다. 꿈을 꾸는 행위는 대부분 렘수면 상태에서 이루어진다.

렘수면은 인지 저하 기능을 가져올 수 있는데 렘수면으로 인한 행동 장애 환자 5명 가운데 1명이 파킨슨병이나 치매 판정까지 받은 것으로 조사되었다. 그러므로 전문가들은 잠버릇이 비정상적으

여러 연구 결과에 의하면 동물도 렘수면을 취하며 꿈도 꿀 수 있다고 한다.

로 심할 경우 병원 진단과 치료가 필요하다고 조언한다.

아우구스투스 케쿨레.

그러나 꿈이 창조력의 원천이 된 사례도 많다. 세계적인 그룹 비틀스의 멤버였던 폴 메카트니는 비틀스의 대표곡 〈예스터데이〉의 멜로디를 잠에서 깨어 침대에서 일어나는 순간 떠올렸다. 또한 평범한 전업 주부였던 스테프니 메이어는 한 소녀가 풀밭에서 아름다운 뱀파이어와 대화를 나누는 꿈을 꾼 뒤 꿈에서 들은 이야기를 바탕으로 세계적인 베스트셀러 『트와일라잇』 시리즈를 집필했다.

이처럼 어떤 문제를 골똘히 생각하다가 잠을 자고 일어나면 해결책이 떠오르는 경우는 많다. 렘수면을 통해 유기화학 분야의 새로운 지평을 연 과학자도 있다. 독일의 화학자 아우구스투스 케쿨레가 발견한 벤젠 고리 구조론은 유명하다.

1865년 그는 산업용 용매인 벤젠의 분자 구조를 알아내려고 애쓰던 중 뱀이 자기 꼬리를 삼키는 꿈을 꾸었다. 그리고 잠에서 깨어나 벤젠의 분자 구조가 뱀처럼 고리가 연결된 육각형일 거라는 아이디어를 퍼뜩 떠올렸다.

꿈속에서 뱀이 꼬리를 물고 빙글빙글 돌았다!

유럽 최고의 과학사가로 꼽히는 에른스트 페터 피셔는 1890년 그의 저서 『슈뢰딩거의 고양이』에서 케쿨레가 1865년에 발견한 벤젠 구조를 발견할 당시 꾼 꿈의 내용을 다음처럼 기술하고 있다. 이는 탄소와 수소의 결합 모습을 두고 하는 말이다.

"내 앞에서 원자들이 너울거렸다. 작은 무리는 다소곳이 뒤편에 머물러 있다. 무리는 여러 겹으로 두텁게 결합된 채 기다랗게 줄지어 있었다. 모두 뱀처럼 꾸물거리며 기어 다녔다. 그런데 뱀들 가운데 한 마리가 자기 꼬리를 문 모습이 보였다. 뱀은 내 앞에서 어지럽게 빙글빙글 돌기 시작했다. 그 순간 나는 벼락을 맞은 듯 꿈에서 깨어났다. 그러고는 그날 밤을 꼬박 새우며 가설을 완성했다."

꼬리를 문 뱀을 보고 과학사의 큰 문제를 해결했다는 사실이 참

케쿨레의 업적을 기념하는 1979년판 독일 우표로 벤젠 구조가 그려져 있다.

으로 경이롭다. 그러나 과학적 인식은 오랜 사유를 통해 이루어진 산물이다. 서서히 활동하던 무의식이 마침내 활짝 열리는 순간 획득되는 것이다. 그것이 바로 유레카의 순간이다.

케쿨레는 '자신의 꼬리를 물고 있는 뱀' 꿈을 꾸면서 벤젠의 구조를 떠올렸다. 그는 분자 구조가 직선 형태일 거라는 종래 통념에서 벗어나 고리 모양을 생각해 내었다. 그러면 벤젠 구조의 발견이 왜 중요한 걸까?

마이클 패러데이, '벤졸'이라는 이름 붙여

메탄(CH_4)에서 볼 수 있는 것처럼 원래 탄소는 팔이 4개다. 벤젠(C_6H_6)은 탄소와 수소의 수가 같다. 탄소와 수소의 수가 같은 구조를 설명하기 위해서는 직선 형태의 기존 이론으로는 도저히 불가능했다. 바로 이 구조를 풀어낸 것이 케쿨레다.

벤젠을 구성하는 6개의 탄소 원자는 서로 이중결합과 단일결합을 하며 6개의 탄소 원자 끝에 각각 1개의 수소 원자를 공유결합하고 있다. 탄소 원자 간의 결합은 단일결합도, 이중결합도 아닌 중간적 성질을 가지며 탄소 원자 사이의 결합 길이는 0.139㎚로 모두 같다. 또한 공명 구조를 이루고 있어 화학적으로 매우 안정하다.

벤젠은 벤졸이라고도 불렸다. 19세기 초 런던의 극장이나 공공건물에서는 석유로 불을 밝혔다. 당시의 물리학자였던 마이클 패러데

이(Michael Faraday, 1791~1867)는 석유가 타고 남은 찌꺼기에서 향기가 나는 물질을 발견했다.

그는 이 재료에 주목하여 여기에 벤졸이라는 이름을 붙였다. 1825년에 그는 이 재료가 수소와 탄소의 단 두 가지 원소로만 이루어졌음을 밝혀낸다. 그런데 놀랍게도 두 원소는 벤졸 안에 동일한 비율로 분포되어 있었다. 그때까지 알려진 수소와 탄소 화합물들은 모두 탄소에 비해 수소의 수가 훨씬 많았다.

얼마 후 석탄을 가공하고 남은 찌꺼기인 타르에서 벤졸을 대량으로 얻을 수 있었다. 이 재료가 관심을 끈 것은 많은 화학자들이 이 타르 추출물의 산업적 활용 가능성을 보았기 때문이다.

또한 그들은 벤졸 분자에 탄소 6개와 수소 6개가 결합되어 있다는 사실도 밝혀낸다. 하지만 이 결합이 어떻게 가능한지는 여전히 의문이었다. 당시는 케쿨레가 태어나기 훨씬 이전이었다. C_6H_6의 구조는 어떤 모습일까? 이 비밀을 푼 과학자가 바로 케쿨레였던 것이다.

마이클 패러데이.

과학사에서는 '최초의 발견'을 두고 항상 논쟁이 벌어진다. 일부 과학사가들은 케쿨레의 발견에 의문을 제시한다. 독일의 화학자 요한 요제프 로슈미트

(Joseph Loschmidt, 1821~1895)가 1862년에 먼저 주장했다는 사실이 알려졌기 때문이다. 비록 그는 벤젠의 고리 구조의 비밀을 밝히지는 못했다.

케쿨레가 꿈속에서 뱀을 보고 영감을 얻었다는 것은 와전된 일화일 뿐이라고 주장하는 사람들도 있다. 그러나 케쿨레가 "Let us learn to dream, gentlemen, then perhaps we shall find the truth.(신사분들이여, 꿈을 꾸는 것을 배웁시다. 그러면 진리를 발견할 수 있을 것입니다.)"라는 말까지 남긴 것을 보면 단순한 일화만은 아닌 것 같다.

실험실 가스등을 보고 깨달은 거대한 영감

넬류보프의 에틸렌 발견

나프타(가솔린)를 분해하여 얻는 에틸렌은 석유화학공업의 가장 기본적인 재료로 유기합성 화학공업 분야에서 극히 중요한 물질이다. 에틸렌의 생산량이나 사용량은 그 나라의 화학공업의 규모를 나타내는 척도라고 할 수 있다. 우리나라가 세계 5위의 화학 산업 국가로 도약하는 데 한몫을 한 것도 바로 에틸렌 생산 능력 덕분이다.

에틸렌 생산 능력이 화학공업 규모의 척도

특히 대규모로 이루어지는 합성수지 폴리에틸렌의 제조에는 에틸렌이 가장 많이 쓰인다. 에틸렌은 무색의 방향성을 가진 가연성 기체인데 공기와 혼합되면 폭발을 일으키기 쉬우며 또 공기 중에서는 그을음이 많은 붉은 불꽃을 내면서 탄다.

에틸렌이 중요한 이유는 탄소 2개와 수소 4개로 이루어진 아주 간단한 이중결합 구조($H_2C=CH_2$)를 하고 있어서 반응성이 아주 높고 첨가반응을 일으키기 쉽기 때문이다. 다시 말해서 다른 화합물과 잘 어울리기 때문에 여러 제품을 만드는 화학 산업 분야에서 가장 기본적인 재료로 이용되고 있다.

예를 들면 산성에서 물을 첨가하면 쉽게 에탄올(에틸알코올)을 만들 수 있으며, 여기에 촉매를 사용하면 아세트알데히드 또는 산화에틸렌으로 산화된다. 합성섬유, 합성수지, 합성도료 등 우리 생활에 필요한 화학제품의 기본 재료로 쓰이며, 석유화학공업의 근간이 된다.

또한 에틸렌은 식물의 성숙을 촉진하는 호르몬이기도 하다. 가스나 석유가 연소할 때 생기는 에틸렌 가스를 식물에게 뿌려 주면 식물의 성장이 촉진된다. 그래서 에틸렌은 오래전부터 상업적으로 이용되어 왔다.

식물 성장호르몬으로 과일을 익히다

슈퍼마켓의 가판대 위에 잘 익은 바나나가 놓여 있다. 하지만 그 바나나는 완전히 익은 것을 따 온 것이 아니다. 만약 그랬다면 먼 나라에서 바다를 건너오는 동안 상해 버렸을 것이다. 따라서 오랜 기간 동안 보존해야 하는 과일들은 덜 익은 상태에서 수확되어 배에 실려진다. 그리고 판매처에 도착한 후 밀폐된 장소에서 에틸렌 가스를 쐬어 주면 에틸렌 호르몬의 신호를 받은 과일들이 맛있게 익는다. 이러한 과정 덕분에 우리는 늘 싱싱하고 잘 익은 바나나를 사 먹을 수 있는 것이다.

문헌에 따르면 고대 이집트 인들은 식물의 숙성을 자극하기 위해 무화과 나뭇잎을 태운 연기를 활용했다. 또한 고대 중국인들은 배를 숙성시키기 위해 밀폐된 방에서 향을 피웠다는 기록이 있다. 연기 속의 성분이 과일을 익힌다는 사실을 알고 있었던 것이다.

또한 에틸렌은 식물이 상처를 입거나 병원체의 공격을 받을 때 혹은 가뭄, 산소 부족, 냉해로 인해 스트레스를 받을 때 더욱 활발하게 만들어지기 때문에 '스트레스 호르몬(Stress hormone)'이라고도 불린다.

박스째 구입한 귤 상자 속에서 종종 상한 귤들이 몰려 있는 경우가 있다. 이는 상처 난 귤이 에틸렌을 방출하여 옆에 있는 귤을 상하게 만들기 때문이다. 따라서 에틸렌의 양을 적절하게 조절해 주면 과일의 신선도나 성숙도를 조절할 수 있다.

에틸렌은 특히 과일에서 많이 발생하는데 대표적인 과실이 사과와 멜론이다. 덜 익어서 떫은 감이 있다면 사과와 한 봉지에 넣어 두자. 곧 물렁물렁한 홍시로 변할 것이다. 사과에서 뿜어져 나오는 에틸렌의 영향으로 땡감이 단시간에 단감으로 변하게 된다. 또 무른 딸기나 포도를 사과와 함께 보관하는 것은 금물이다. 딸기나 포도가 금방 곯거나 알알이 떨어질 수 있기 때문이다.

식물학자가 가스등에서 영감을 얻다

에틸렌은 화학 산업에 아주 중요한 역할을 하지만 정작 화학자가 아니라 식물학을 전공한 대학원생이 발견하였다. 그는 실험실에 석탄 가스등을 켜 두었는데 여기에서 나오는 어떤 물질이 완두콩의 성장에 큰 영향을 미친다는 사실을 관찰할 수 있었다.

1901년, 당시 성 피터스버그 대학교에 있는 식물학 연구소에서 대학원 과정을 밟고 있던 17세의 디미트리 넬류보프(Dimitry Neljubow, 1876~1926)는 실험실에서 완두콩을 키우고 있었다. 그런데 콩이 정상적으로 자라나지 않는 것을 수상하게 여겼다.

이미 1800년대에는 가스관에서 누출된 가스 때문에 근처 나뭇잎의 색이 변하고 가지에서 떨어지는 현상이 목격되었다. 그러나 이 가스의 어떤 성분 때문인지에 대해서는 알려지지 않았다.

넬류보프는 이 가스를 쏘인 식물의 키가 '작다(short)'는 것을 관찰했다. 그리고 줄기의 직경이 더 '굵었(thick)'으며 한편으로 '기울어져(curled)' 있었다. 훗날 그는 이 세 가지를 완두콩의 '3중 반응(triple responses)'이라고 불렀다.

원래 3중 반응이란 외부의 기계적 자극에 대한 피부의 반응으로 1924년 의학자 출신의 루이스 경(Sir Thomas Lewis)이 지칭한 현상이다. 피부를 강하게 문지르면 3~15초 뒤 붉은 선이 나타나고 1~2분에서 30여 분까지 지속된다. 이것을 '붉은 반응'이라고 한다.

다시 강한 자극을 반복하면 15~30초 후에 붉은 선의 외측에 선

홍색의 '홍조'가 번진다. 여기에 또다시 자극을 가하면 '붉은 반응' 부분이 하얘져서 주위 조직이 부풀어 오르는 '부종'이 생긴다. '붉은 반응', '홍조', '부종'의 3종을 3중 반응이라고 한다. 외부의 한 자극에 의해 동시다발적으로 일어나는 세 가지 현상을 의미한다.

실험실에서 일어나는 사소한 일도 소홀히 다루지 말라

한편 넬류보프는 완두콩이 비정상적인 모습을 하게 된 것은 실험실 안의 공기 때문이라고 생각했다. 실험실에서 사용하는 석탄 가스등에서 나오는 에틸렌이 그 원인이라는 사실을 깨달은 것이다.

그러나 그는 단순히 아이디어에서 그치지 않고 실험을 진행했다. 석탄 가스등이 있는 실험실에서 키운 완두콩과 가스등이 없는 곳에서 자란 완두콩을 비교했다. 그의 추측은 완전히 맞아떨어졌다. 에틸렌의 발견으로 화학 산업은 물론 식물학에서도 커다란 진전이 이루어질 수 있었다.

실험실에서 일어난 아주 사소한 현상으로부터 거대한 발견을 이끌어 낸 것이다. 이와 관련하여 푸른곰팡이를 추출해 일명 '마법의 탄환' 페니실린을 발명한 알렉산더 플레밍(Alexander Fleming, 1881~1955)은 연구에 몰두하는 과학도들에게 다음과 같은 말을 남겼다.

"나는 우연이 인생에 놀랄 만한 영향력을 끼친다는 점을 지적해 왔다. 젊은 연구원들에게 충고를 하자면, 실험실에서 생기는 특별한 변화나 모습은 그것이 아무리 사소하더라도 절대로 소홀히 다루지 말라는 것이다."

양조장에서 얻은 위대한 깨달음

프리스틀리와 산소의 발견

'발견의 항해'란 진정한 의미에서 새로운 세계를 찾아나서는 데 있는 것이 아니다. 새로운 안목을 갖는 데 있다.

－마르셀 프루스트(Marcel Proust, 1871~1922, 『잃어버린 시간을 찾아서』 저자)

위대한 발견은 아주 간단하게 보인다

역사는 다양한 호기심과 끊임없는 상상력을 발휘할 수 있기에 흥미롭다. 특히 신의 영역이라 불리는 자연의 본질적인 수수께끼를 하나씩 풀어 나가는 과학사는 충분히 드라마틱하다. 역사적으로 위대한 발견과 발명을 이룬 과학자들을 대하다 보면 세상을 변화시킨 그들의 업적이 너무나 쉽고 간단하고 우연한 기회에 이루어진 것처럼 보인다.

물론 그것이 '유레카의 순간들'처럼 순간적으로 떠오른 획기적인 아이디어에서 비롯된 것일 수도 있다. 하지만 이조차도 과학자들이 일생 동안 충분히 준비하고 고민해 온 결과다. 그저 우연히 찾아오는 것이 아니다. 위대한 발견의 순간은 준비하고 탐구하는 자에게 찾아온다. 순수한 열정 속에서 꽃핀 결과들이다.

아마 기체 가운데 산소만큼 중요한 원소도 없을 것이다. 우선 모든 생물체의 생존에 필요한 요소이다. 남극 빙하 속에 사는 생물체처럼 산소 없이 생존하는 생물체가 속속 보고되고 있지만 소수를 제외한 거의 모든 생물체가 존재하는 데 산소는 필수적이다.

산소는 또한 다른 원소와의 친화력이 강해 각종 산화물을 형성한다. 산화물은 다른 원소와의 2원 화합물의 총칭으로 공유 결합성 분자로 이루어진다. 비금속원소의 산화물은 주로 산성산화물이며 금속원소의 그것은 염기성산화물이다. 산화수가 중간인 경우는 양쪽성산화물을 생성하기도 한다. 예를 들면, 탄소나 황 또는 금속 마그네슘을 산소 속에서 연소시키면 각각 이산화탄소, 아황산가스, 산화마그네슘 등의 산화물을 얻는다.

산소를 발견하여 과학사에 커다란 족적을 남긴 프리스틀리(Joseph Priestley, 1733~1804)는 원래 목사 출신으로 신학자이자 철학자였다. 그리고 정치에 관심이 많았다. 그의 경력에는 어떠한 과학 관련 이력이 따라붙지 않는다. 그는 과학에 대해 단순한 호기심과 열정만으로 '탄소동화작용'과 수많은 기체들을 발견했다.

여러 기체를 발견하기 전의 프리스틀리는 공리주의 사상에 젖어 있던 런던의 벤저민 프랭클린을 만나고 나서 과학에 흥미를 갖게 되었다. 이후 1767년에 『전기의 역사(The History and Present State of Electricity)』라는 책을 저술하여 과학자로서의 명성을 얻었다.

양조장에서 흘러나오는 냄새에 홀린 화학자

당시 리즈에 머물고 있던 그는 근처에 있는 양조장에서 나오는 각종 냄새에 각별한 호기심을 갖고 있었다. 냄새는 결국 가스의 배출에서 비롯된다. 그렇다면 발효가 될 때 나오는 가스에는 어떤 것들이 있을까? 이것이 그의 커다란 호기심이자 관심사였다.

어느 날 밤 그는 느닷없이 양조장을 찾아 들어갔다. 양조장은 너무 어두웠다. 그런데 이상하게도 촛불을 밝히려고 했으나 불이 켜지지 않았다. 그러나 발효통(용기)에서 멀리 떨어지면 그제야 촛불이 켜진다는 것을

조지프 프리스틀리.

발견했다.

이때 그는 문득 깨달았다. 발효통에서 불이 붙는 것을 막는 가스가 나오고 있다는 사실 그리고 발효통에서 멀리 떨어진 곳에는 불이 붙도록 만드는 가스가 있다는 것을 말이다. 과학에 관심이 있는 사람이라면 너무나 단순한 것처럼 보일 수도 있다. 하지만 그는 이 단순한 발상에서 화학 분야 불후의 업적인 산소를 발견하는 계기를 마련했다.

그는 당장 실험에 들어갔다. 1774년 아주 큰 집광 렌즈로 태양열을 이용해 산화수은을 가열했다. 그리고 양초를 산화수은이 분해되는 과정 중 발생한 기체 속에 두었다. 그러자 양초를 평범한 공기 속에 두었을 때보다 오래 탄다는 사실을 발견했다. 좀 더 설명을 하자면 당시 도료나 살균제로 이용되던 산화수은은 섭씨 500도로 가열하면 산소와 수은으로 분해된다. 여기에서 나오는 가스가 바로 불을 오래 밝힐 수 있는 '산소'임을 발견한 것이다.

새로운 화학 이론의 기틀을 제공

프리스틀리가 발견한 이 사실은 당시 프랑스의 유명한 화학자 앙투안 라부아지에(Antoine Laurent Lavoisier, 1743~1794)가 새로운 화학 이론을 형성하도록 하는 데 기틀을 제공했다. 다시 말해서 당시 지배적인 플로지스톤(Phlogiston) 이론을 정면으로 반박할 수 있는 결정적인 기초가 마련된 것이다.

플로지스톤 이론은 17세기 말에서 18세기 초, 연소설을 설명하기 위해 독일의 베허(J.J. Becher)와 슈탈(Georg Ernst Stahl)이 제안한 물질에 대한 이론이다. 가연성이 있는 물질이나 금속에 플로지스톤('불꽃'이라는 의미)이라는 성분이 포함되어 있다는 내용으로 무려 100여 년 동안 학계의 정설로 군림해 왔다.

오늘날 물질의 연소는 산화 현상이며 연소로 인해 질량이 감소되는 것이 아니라 보존된다는 것이 밝혀졌지만, 당시에는 플로지스톤이 모든 화학 이론의 중심에 있었다. 그래서 플로지스톤 이론을 굳게 믿고 있던 프리스틀리도 새로운 기체 물질을 발견한 후 '탈플로지스톤 공기(dephlogisticated air)'라는 이름을 붙였다. '산소'라는 이름은 라부아지에가 붙인 것이다. 프리스틀리는 연소할 때 관여하는

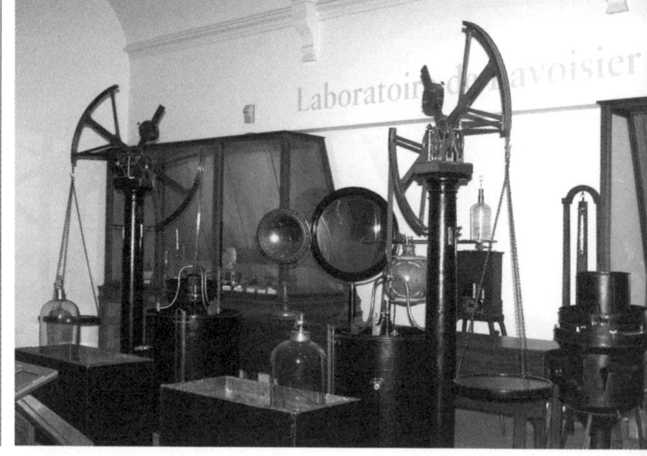

앙투안 라부아지에(좌)와 그의 실험 기구 모형(우).

기체가 산소라는 사실을 발견하고도 세상을 떠날 때까지 플로지스톤 이론을 굳게 믿었다.

식물은 탄소동화작용으로 산소를 배출한다

한편 프리스틀리는 산소 발견을 계기로 식물이 탄소동화작용을 통해 산소를 배출한다는 사실도 알게 됐다. 내부를 들여다볼 수 있는 투명한 유리 종 안에 촛불을 켜 놓았더니 촛불이 꺼지는 것을 관찰했다. 그는 이러한 현상을 보고 불타는 양초가 공기를 상하게 만들어 촛불이 꺼진 것이라고 생각하였다.

또 다른 실험에서는 나쁜(상한) 공기가 들어 있는 유리 종 안에 쥐를 넣었더니 그 쥐가 죽었다. 하지만 나쁜 공기 속에 식물을 넣어 놓았더니 나쁜 공기가 신선한 공기로 정화되는 것을 관찰할 수 있었다. 그리고 유리 종 안에 쥐와 식물을 각각 넣으면 쥐와 식물이 모두 죽지만, 쥐와 식물을 함께 넣어 두면 모두 죽지 않는 것을 알아냈다.

이 실험을 토대로 프리스틀리는 동물의 호흡이나 양초의 연소로 공기가 오염되지만, 식물에 의해 정화된다고 결론을 내렸다. 그리고 식물이 산소를 배출한다는 사실을 발표하였다.

값싼 당구공 개발이 계기가 되다

존 하이엇과 플라스틱의 발견

석유 에너지를 반대하는 수많은 단체들은 현대 경제가 화석연료와 석유화학 생산품에 얼마나 의존하고 있는지 모르는 것 같다. 그리고 그에 대한 고마움도 모른다.

– 로버트 힉스(Robert Higgs, 1944~ , 미국 경제사학자)

성형수술을 '플라스틱 서저리'라고 하는 이유

사람들은 다 예쁘게 보이길 바란다. 남녀노소 가릴 것 없다. 이제 성형수술은 흠이 아닌 시대다. 코와 쌍꺼풀에 이어 범위와 부위가 더욱 확대되고 있다. 뱃살을 빼는가 하면 섹시한 엉덩이를 만들기도 한다.

그런데 성형수술을 영어로 '플라스틱 서저리(plastic surgery)'라고 한다. 정확히 해석하자면 '플라스틱 외과수술'이라는 말이다. 그런데 왜 성형수술에 플라스틱이라는 말이 들어가는 걸까?

자세히 들여다보면 이해가 간다. 얼굴이든 몸이든 여기저기 쉽게 고친다는 이야기다. 산업용 소재인 플라스틱은 열을 가하면 녹기 때문에 이렇게 저렇게 변형시킬 수 있는 것처럼 우리 몸도 원하는 형태로 만들 수 있다는 의미다.

지난 60년 동안 어떤 종류의 소재도 플라스틱만큼 중요한 역할을 맡지는 못했다. 플라스틱이 인류의 삶에 끼친 영향은 지대하다. 플라스틱이 없는 삶은 상상할 수 없을 정도이다.

인류의 역사를 석기 시대, 청동기 시대, 철기 시대로 구분한다면 현대는 플라스틱의 시대다. 사실 플라스틱이 없다면 현대 문명이 만들어 낸 혁신적인 제품을 제조조차 할 수 없다. 새로운 합금과 소재들이 나오고 있지만 플라스틱을 대신하기에는 아직 요원하기 때문이다.

플라스틱은 새로 탄생한 용어가 아니다

플라스틱이라는 말은 고대 그리스 어 '플라스티코스(plasticos)'와 '플라스토스(plastos)'라는 말에서 유래됐다. '모양을 바꾸거나(shaped) 녹여서 본뜰 수 있는(molded)'이라는 의미이다. 신이 점토를

아프리카 코끼리의 상아는 당구공의 재료로 쓰였다.

빚어 인간을 지금 모습대로 만들었다는 의미이기도 하다. 따라서 플라스틱이라는 말은 새로운 단어가 아니고 원래부터 존재했던 단어다.

플라스틱은 많은 진화를 거듭한 소재로 그 의미도 아주 광범위하다. 어떤 제품을 일컫는다기보다 하나의 개념이라고 할 수 있다. 탄력성이 강한 탄성소재 전체를 의미하는 말로, 일반명사라기보다 추상적 개념에 가깝다고 할 수 있다.

분명 필요는 발명의 어머니다. 오늘날의 플라스틱과 유사한 최초의 플라스틱은 당구공이 계기가 되었다. 신사의 게임이라고 불리는 당구에 사용되는 공은 비싸고 귀했던 아프리카 코끼리의 상아로 만들어졌다. 그런데 늘어나는 수요에 비해 아프리카 코끼리의 수가 줄어들어 상아 수급이 어려워졌다. 당구공 제조업자들은 1만 달러의 상금까지 걸고 상아를 대체할 당구공 소재를 찾아 나섰다.

너무 비싸서 귀족들만 이용한 상아 당구공

이러한 노력 가운데 탄생한 것이 바로 플라스틱이다. 인쇄출판업자이자 발명가였던 미국의 존 하이엇(John Wesley Hyatt, 1837~1920)도 여기에 뛰어들었다. 그는 질산섬유소를 용해시킬 수 있는 물질을 찾으려고 노력했다.

그러던 어느 날 피부 질환 치료제로 쓰이는 '캠퍼팅크(camphor tincture)'를 질산섬유소에 넣었더니 질산섬유소가 녹기 시작했다. 캠퍼팅크란 장뇌(樟腦, camphor, 녹나무를 증류하면 얻을 수 있는 화합물)를 알코올에 녹인 의약품이다. 그 가운데 장뇌가 질산섬유소를 녹인다는 것을 알게 된 것이다.

1869년 최초의 천연수지 플라스틱인 셀룰로이드는 이렇게 탄생했다. 이 새로운 물질은 열을 가하면 어떠한 모양으로도 변형할 수 있고, 열이 식으면 상아처럼 단단하고 탄력 있는 물질이 됐다. 그러나 이 셀룰로이드는 깨지기 쉬워 공끼리 부딪혀야만 하는 당구공 재료로는 적합하지 않았다. 대신 틀니, 단추, 만년필 등의 용도로 사용되기 시작했다.

당구는 원래 '큐 스포츠(cue sports)'로 불렸다. 부드러운 천을 깐 테이블 위에 상아로 된 공을 올려놓고 막대기(큐)로 쳐서 승부를 가리는 구기 종목의 하나이다. 원래는 귀족 스포츠였으나 저변이 확대되면서 대중적인 오락으로 인기를 얻었다.

당구는 기원전 400년경 그리스에서 시작되었다고 하나 정확한 것은 알 수 없다. 현대식 당구에는 두 가지 시초가 있다. 하나는 14세기경 영국에서 크리켓 경기를 실내에서 할 수 있도록 개량한 것이고, 다른 하나는 16세기경 프랑스에서 왕실 예술가 드 비니(A. de Vigny)가 고안한 것이다.

초창기의 당구는 인기가 높았지만 서민들은 즐길 수 없었다. 공이 너무 비쌌기 때문이다. 그리고 상아의 공급은 수요에 비해 턱없이 모자랐다. 아프리카 코끼리 사냥에서 얻어지는 상아가 비싸게 된 이유에는 당구공 수요도 많은 부분을 차지한다. 값싼 당구공을 개발하려는 노력에서 나온 산물이 바로 플라스틱이다.

베이클라이트와 폴리에틸렌의 등장

플라스틱은 발명 이후 빠른 속도로 진화해 나갔다. 1907년에는 벨기에 과학자에 의해 합성수지를 원료로 한 베이클라이트가 만들어졌고, 1933년에는 가장 많이 소비되는 플라스틱인 폴리에틸렌이 등장했다.

가볍고 내구성이 뛰어나며 어떤 모양으로든 가공하기 쉬운 플라스틱은 우리 삶의 형태를 바꿔 놨다. 당장 주변을 둘러보면 태반이 플라스틱으로 만들어진 물건이라는 것을 알 수 있다.

귀족의 스포츠로 신사와 숙녀들만 치던 당구가 대중화된 것도 바로 플라스틱 덕분이다. 이제는 당구를 즐기기 위한 비용이 부담스

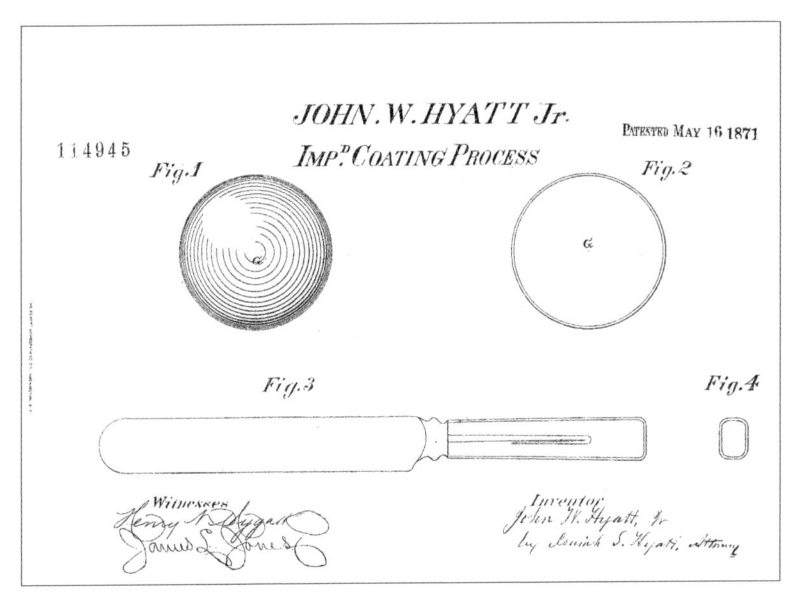

존 하이엇이 그린 플라스틱 당구공의 제작도.

럽지 않기 때문이다. 그러나 지금도 국제 당구 대회에서는 선수들이 대부분 정장을 갖춰 입는다. 귀족 스포츠로써의 전통이 여전히 남아 있는 것이다.

하늘의 영감으로
공룡의 존재를 알리다

고고학의 어머니, 메리 애닝

"그 목수의 딸은 혼자 힘으로 명성을 얻었다. 그리고 충분히 그럴 만한 자격이 있는 여성이다."

—찰스 디킨스(Charles Dickens, 1812~1870)

전설적인 과학자에게 붙은 전설 같은 일화

오늘날 종교적인 신념 때문에 공룡 시대를 부정하는 사람들은 간혹 있지만 공룡의 존재 자체에 대해 의문점을 제기하는 사람은 거의 없다. 그리고 사람들에게 공룡 시대가 밝혀지게 된 단초를 제공한 장본인이 12세의 어린 소녀였다는 사실을 아는 사람도 그리 많지 않다.

'고고학의 어머니'로 불리는 메리 애닝(Mary Anning, 1799~1847)은 과학자가 되기 위한 어떠한 정식 교육도 받은 적이 없었다. 그러나 그녀는 너무나 총명했다. 호기심, 예리한 통찰력, 뛰어난 관찰력으로 1800년대 초 영국의 대단한 화석 연구가가 되었다. 당시는 유복한 집안 출신의 여성이라도 과학을 전공하기가 매우 어려웠던 시절이다. 하물며 가난한 집안의 여성이라면 더욱 그렇다. 하지만 애닝은 이런 어려움을 이겨 내고 자연사 탐구에 큰 기여를 했다.

당시의 사람들은 그녀가 하늘의 계시를 받은 덕분에 전설적인 과학자가 될 수 있었다고 여겼다. 왜냐하면 많은 화석 사냥꾼 중에서 애닝이 특히 진귀한 화석을 많이 발견했기 때문이다. 심지어 그녀의 재능과 관련하여 놀라운 일화도 전해진다. 그녀가 갓난아기였을 때였다. 애닝을 유모차에 태우고 외출을 했던 유모가 마른하늘에서 떨어진 벼락을 맞고 숨을 거두었다. 그리고 그 자리에 홀로 남겨진 애닝은 벼락이 치는 폭풍우 속에서 신비한 화석을 발견하게 되리라는 하늘의 계시를 받았다고 한다. 물론 이 이야기를 있는 그대로 믿기는 힘들다. 그렇지만 당시의 학계에서 그녀의 활약상이 얼마나 대단했는지 짐작할 수 있는 대목이다.

메리 애닝.

영국의 한적하고 아름다운 휴양 도시인 라임 레기스에서 태어난 메리 애닝은 여느 소녀와 다를 바가 없었다. 그녀는 바닷가에서 조개껍질을 줍는 꿈 많은 소녀였다. 그러나 그녀가 줍는 조개껍질은 평범한 조개껍질이 아니었다.

이 도시의 모래사장에서는 종종 '희한한 물건'이 발견되곤 했다. 이 물건들은 해변의 절벽에서 떨어져 나와 파도에 휩쓸려 모래사장까지 밀려든 것이었다. 이 희한한 물건들 중에는 조개 모양처럼 예쁘장한 것도 많아서 마을 사람들은 이것을 관광객들에게 기념품으로 판매했다. 하지만 파는 마을 사람들도, 사는 관광객도 이 물건이 도대체 무엇인지 몰랐다.

당시의 사람들은 지구에 공룡이 살았다는 사실조차 모르고 있었다. 과학자들은 생물의 종이 진화해 온 증거를 모으기 시작하던 때였다. 진화론으로 유명한 찰스 다윈의 시대를 참고한다면 당시의 상황을 짐작할 수 있겠다.

지구의 역사에 대한 연구가 시작되다

애닝의 노력으로 그것들이 바로 화석이라는 것을 알게 되었다. 인류는 그 화석들을 통해 처음으로 공룡 시대가 존재했다는 것을 알 수 있었다. 그 조개 화석은 현재 암모나이트라고 부르는 것으로 2억 5,000만 년 전 쥐라기 시대의 따뜻한 바다에서 번성했던 선사 시대의 동물이었다.

당시의 연체동물들이 죽으면 바다 밑에 가라앉아 묻히게 된다. 수백만 년이라는 장구한 세월 속에서 이 침전물이 딱딱해지고 암석으로 변하는 것이다. 또한 그러는 사이에 해수면은 낮아지고 암벽에 고스란히 드러나게 되었다. 결국 바위 속에 묻혔던 화석이 바닷물과 바람에 침식되어 모습을 드러냈고, 물에 씻겨 백사장으로 흘러들어 온 것이다.

애닝의 아버지는 목수였는데 조개 수집이 취미였다. 애닝은 어렸을 때부터 아버지를 따라 자주 백사장에 나가곤 했다. 그래서 자연스럽게 조개 화석에 흥미와 관심을 가질 수 있었다.

애닝에게 조개 화석 사냥은 그저 평범한 취미나 생계를 위한 돈벌이 수단이 아니었다. 11세가 되던 해, 그녀는 이 희한한 물건에

나사조개의 일종인 암모나이트(ammonite). 주로 중생대 지층에서 많이 발견된다.

대해 원초적인 질문을 던지게 되었다.

돌이 되어 버린 괴물의 흔적

"여기가 콧구멍이구나. 넌 숨도 쉬고 물도 뿜었겠어. 그러면 이곳 암벽이 옛날에는 바다였을 거야. 넌 얼마나 오랫동안 암벽에 묻혀 있었니? 그런데 지금은 왜 이런 동물들이 없는 걸까? 왜 모두 사라진 걸까?"

그녀의 궁금증은 갈수록 커졌다.

"좋아, 내가 그 비밀을 캐고야 말겠어. 혼자서라도 고고학과 지질학 공부를 해 보자!"

'돌이 되어 버린 괴물'에 반한 그녀는 발목까지 내려오는 치마를 입고 절벽을 기어오르며 화석을 캐기 시작했다. 괴물의 지느러미, 갈비뼈 그리고 등뼈를 찾아내기 시작했다. 그녀의 장비는 '피크 해머(pick hammer, 머리의 한쪽은 평평하고 반대쪽은 뾰족하게 생긴 작업용 망치)'가 전부였다.

그녀의 놀라운 업적은 1811년부터 드러나기 시작했다. 밤새 무서운 폭풍이 몰아쳤던 어느 날 아침, 애닝은 백사장으로 향했다. 그녀는 폭풍 때문에 암벽에서 씻겨 나온 기이한 화석을 주울 수 있을 거라고 기대했다.

그날 애닝이 발견한 것은 평소에 자주 주웠던 평범한 나선형 화석이 아니었다. 놀랍게도 화석이 된 동물의 해골이었다. 그것은 마치 거대한 용처럼 보였다. 그리고 지금의 돌고래와 비슷하게 생긴 선사 시대의 바다 파충류처럼 보였다.

이 이야기는 영국 전역으로 급속하게 퍼져 나갔다. 많은 과학자와 교수가 그 파충류 화석을 보기 위해 몰려들었다. 한 박물관이 그 화석을 중요한 유물이라고 여겨 비싼 값에 사들였다. 그리고 그 화석에 '물고기 도마뱀'을 뜻하는 '이크티오사우루스(Ichthyosaurus)'라는 이름을 붙였다.

1811년 어느 날, 밤새 무서운 폭풍이 휘몰아쳤고 애닝은 다음 날 해변에 나가 보리라 생각했다. 사나운 폭풍으로 인해 절벽에서 떨어진 화석들이 많이 백사장으로 밀려왔으리라 여겼던 것이다.

다음 날 애닝은 백사장에서 동물의 해골 화석을 발견할 수 있었다. 그런데 그 해골은 어느 동물의 것과도 생김이 달랐다. 사람들은 그 화석을 보고 돌고래와 닮은 선사 시대의 파충류의 것이지 않을까 추측했다. 하지만 정확하지는 않았다.

이 놀라운 발견은 영국 전역으로 급속하게 퍼졌다. 많은 과학자와 교수가 그 화석을 관찰하기 위해 레기스로 몰려들었다. 그러던 와중에 한 박물관이 그 화석을 구입하겠다고 나섰다. 그리고 그 박물관은 이 화석에 '이크티오사우루스(Ichthyosaurus)'라는 이름을 붙였다. '물고기 도마뱀'이라는 뜻으로 바다에서 발견된 파충류 해골이었기 때문에 유래된 이름이었다.

애닝의 발견은 여기서 그치지 않았다. 얼마 후 이번에는 도마뱀을 닮은 바다 괴물의 화석을 채집하였다. 이 괴물은 4개의 긴 지느러미와 기다란 목, 비교적 짧은 꼬리를 가지고 있었다. 이 화석은 '도마뱀과 비슷한'이라는 뜻으로 '플레시오사우루스(Plesiosaurus)'라는 이름이 붙었다.

1828년, 이번에는 '날개 손가락'이라는 뜻을 가진 '테로닥틸(Pterodactyle, 익수룡)'이라는 이름의 화석을 발견했다. 이 화석을 살펴보면 손가락 부분의 뼈가 매우 기다란데 이를 통해 화석의 주인공이 날개를 지녔을 것으로 추측하였다. 많은 학자들은 이 동물이 선사 시대의 하늘을 맘껏 누볐을 것이라고 생각했다. 이처럼 애닝은 당시로써는 상상도 할 수 없는 기이한 동물들의 화석을 많이 발견하여 명성을 떨칠 수 있었다.

1841년, 영국의 고생물학자 리처드 오언(Richard Owen, 1804~1892)

애닝이 발견한 플레시오사우루스의 화석 그림(좌)과 상상도(우).

은 이러한 화석들이 현존하는 동물들과는 전혀 다른 종이라는 사실을 알아냈다. 그리고 이 동물들을 통틀어 '무시무시한 도마뱀'이라는 뜻의 '디노사우루(dinosaurs)'라고 명명한다. 이후 이 이름은 '다이너소어(dinosaur)'로 변경되었고, 한자로 번역해 '공룡(恐龍)'이라는 단어가 탄생했다.

가장 위대한 화석학자를 기억하는 사람이 몇이나 될까?

애닝의 명성이 높아지자 그녀의 고향인 라임 레기스도 더불어 유명해졌다. 덕분에 많은 관광객이 레기스를 찾게 되었다. 하지만 그녀는 유방암에 걸려 1847년 48세의 나이로 세상을 떠나고 말았다. 그녀가 떠난 후 레기스를 찾는 관광객의 수도 급감하게 되었다.

화석 발굴 분야에서 그녀의 활약은 눈부셨고 후대 학자들에게 귀감이 되는 화석학자였다. 그녀의 업적을 기념하기 위해 구글은 2014년 5월 21일, 애닝의 215번째 생일을 맞아 독특한 로고를 대문에 걸었다. 공룡만큼 우리에게 신비스러우면서 친밀하게 다가오는 동물은 없을 것이다. 구글은 애닝을 기념하는 로고를 올리고 이런 질문을 던졌다.

"역사상 가장 위대한 화석학자였던 이 여성을 기억하는 사람은 지구상에 몇 명이나 될까?"

위대한 우연은 준비된 자를 찾아온다

알렉산더 플레밍과 페니실린의 탄생

"1928년 9월 28일, 나는 평상시와 같이 새벽 동이 튼 후 일어났다. 하지만 세계 최초의 항생제, 또는 박테리아 킬러를 발견해 의약계에 혁명을 일으키겠다는 계획은 없었다. 그러나 그날 내가 한 일은 의약계 혁명의 시작이 되었다."

혁명을 일으킬 생각은 전혀 없었다

1928년 9월 3일은 의학사상 혁명적인 날이었다. 그날 스코틀랜드 출신의 세균학자 알렉산더 플레밍(Alexander Fleming, 1881~1955)은 가족과 휴가차 떠난 여행에서 돌아오자마자 자신의 실험실로 향했다. 여행을 떠나기 전에 배양하려고 준비해 둔 포도상구균(화농균)을 살펴보기 위해서였다. 이 세균은 연구 목적에 쓰려고 런던의 세인트 메리 병원에서 가져온 것이었다. 그러나 이 세균들은 그의 삶과 인류의 삶에 엄청난 전환을 가져올 가능성을 품고 있었다.

알렉산더 플레밍.

플레밍은 일부 배양기에 곰팡이가 피어 오염되었음을 한눈에 알아보았다. 아주 이례적인 일이었다. 그러나 처음에는 무심코 지나쳤다. 포도상구균 배양기를 청소하려던 플레밍은 다시 한 번 용기 속을 세심하게 관찰했다. 그리고 곧 특이한 사실을 발견했다. 곰팡이가 퍼진 주위에 화농균이 자라지 않았다는 것이었다.

"참으로 이상한 일이군!"

그는 이 특이한 현상을 놓치지 않았다. 곰팡이 속에 있는 어떤 물질이 세균을 더 이상 증식하지 못하게 방해하는 것이 분명했다. 그 이유를 정확하게 알아내기 위해 연구해 보기로 결심했다.

플레밍은 곰팡이가 세균을 죽일 수 있다는 사실을 처음으로 발견한 과학자였다. 곰팡이의 어떤 물질이 질병을 일으키는 수많은 박테리아를 퇴치한다는 것을 알게 되었다. 플레밍은 앞으로 어떻게 해야 할지 잘 알고 있었다.

그는 처음에 이 물질을 '곰팡이 주스(mould juice)'라고 불렀다. 그러다가 몇 개월 후인 1929년 3월 7일 '페니실린'이라는 이름을 붙여

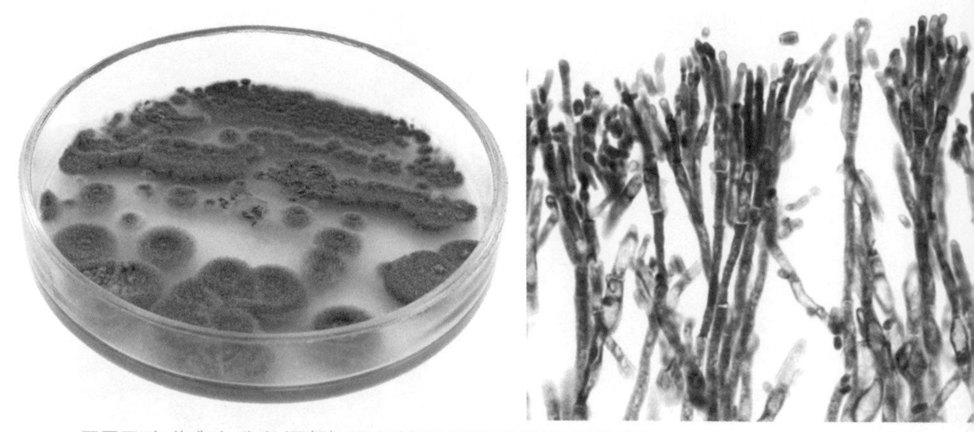
푸른곰팡이(좌)와 페니실륨(우). 페니실륨은 푸른곰팡이의 학명이다.

주었다. 이 이름은 그가 연구하고 있던 푸른곰팡이의 일종인 '페니실륨(Penicillium)'에서 따온 말이다. 플레밍의 신화는 대충 이렇게 요약된다.

실험실에서 일어나는 일을 절대 소홀히 다루지 말라

항생제 페니실린을 발견하여 인류를 세균과 전염병으로부터 해방시킨 알렉산더 플레밍은 훗날 이렇게 강조했다.

"나는 우연이 인생에 놀랄 만한 영향력을 끼친다는 점을 지적해 왔다. 젊은 연구원들에게 충고를 하자면, 실험실에서 생기는 특별한 변화나 모습은 그것이 아무리 사소하더라도 절대로 소홀히 다루지 말라는 것이다."

플레밍이 어떻게 커다란 업적을 쌓게 되었는지 고려한다면 이 명언이 시사하는 바가 무엇인지도 자명해진다. 뜻하지 않은 위대한 발견은 연구 자체가 아니라 다른 곳에서 우연히 이루어질 수도 있다는 내용이다.

'마법의 탄환'으로 불리는 페니실린은 우리가 아는 것처럼 아주 우연히 발견됐다. 이 점에서 과학자 플레밍은 대단한 행운아라고 할 수 있다. 그래서 어떤 사람들은 플레밍을 과소평가하기도 한다. 그러나 결코 그렇지 않다. 행운은 우연히 찾아오지만 그래도 준비된 사람을 찾아오는 것이다.

위대한 순간은 하늘에서 거저 떨어지는 것이 아니다. 중대한 발견은 천재적인 인물이 한순간 떠올린 영감에서 비롯되었다고 할 수도 있다. 하지만 그러한 일은 매우 드물다. 그리고 이런 우연이 일어나기까지는 필연적인 과거의 노력이 존재했기에 가능하다. 오랜 실험과 연구를 거치며 씨름을 하던 중 느닷없이 찾아오는 것이 이런 우연인 것이다.

라이소자임의 발견은 페니실린 일화와 비슷

그렇다고 해도 플레밍이 운이 좋은 과학자인 것만큼은 부인할 수 없다. 플레밍은 페니실린 발견에 앞서 라이소자임(lysozyme)이라는 효소를 우연히 발견했다. 1922년, 많은 사람이 세균으로 인해 폐혈

증으로 목숨을 잃었고 이를 막을 수 있는 방법을 연구하는 도중 우연히 라이소자임을 분리하는 데 성공하여 명성을 얻었다.

그는 코감기를 앓는 동안 자신의 코에서 나온 분비액을 가지고 연구한 결과 세균을 파괴하는 라이소자임을 발견하게 된 것이다. 흥미로운 사실은 라이소자임 발견도 페니실린의 발견처럼 아주 우연히 이루어졌다는 점이다.

리소좀(Lysosome)은 작은 주머니처럼 생긴 세포소기관이다. 그 속에 든 라이소자임은 가수분해(소화) 효소로써, 이물질이나 세포에서 생긴 찌꺼기를 분해할 뿐만 아니라 세포가 죽으면 쥐도 새도 모르게 녹여 버리기 때문에 '자살 주머니'라고도 불린다. 라이소자임 효소는 눈물, 콧물, 침, 땀, 모유 등의 점액 물질에 가득 들어 있으며 중성 백혈구에도 많다.

1921년 플레밍은 「조직과 분비물(tissues and secretions)」이라는 논문에서 라이소자임이라는 항생물질을 발표한다. 라이소자임의 발견은 소독약 및 방부 외과 기술에 커다란 전환을 가져왔다. 라이소자임이 발견되기 이전까지만 해도 미생물이 동물의 체내에 들어오고 나면 결코 공격받지 않는다고 여겼다.

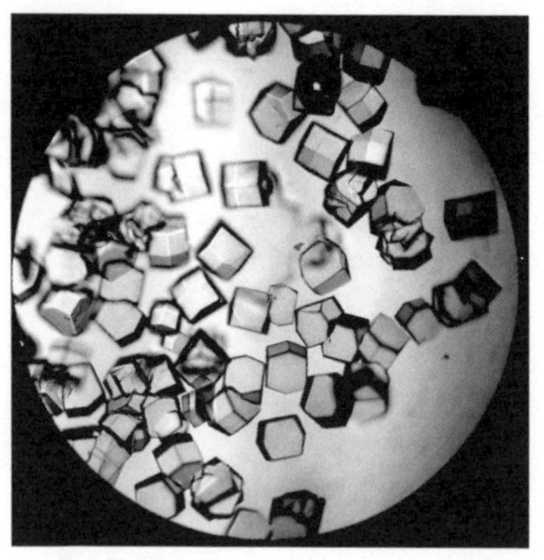

세균의 감염을 막는 향균성 효소 라이소자임 결정.

하지만 콧물 속 라이소자임

을 통해 사람과 동물이 분비하는 점액 속에는 자연 방어 체계가 포함되어 있다는 사실을 알게 되었다. 플레밍은 6년 후에 페니실린을 발견했다. 하지만 여전히 인간의 방어 체계에 있어 페니실린보다 라이소자임이 더 큰 역할을 한다고 믿었다.

프랑스의 전기 작가 앙드레 모루와(Andre Maurois)는 플레밍의 전기를 집필하면서 플레밍의 조수의 말을 인용했다.

"당시 플레밍은 감기에 걸렸을 때 흘린 콧물을 노란색 군체의 미생물에 첨가하였다. 그는 몇 개의 배양 접시를 씻던 도중 노란색 군체의 미생물이 없는 접시를 발견하였다. 그리고 그 접시 안의 미생물이 반투명으로 변하는 것을 발견하였다. 또한 그 주위로 분해 중인 미생물을 볼 수 있었다."

플레밍은 자신의 콧물 속에 미생물을 분해시킬 수 있는 물질이 들어 있다고 생각한 것이다.

그러나 우연은 준비된 사람에게 미소 짓는다

페니실린의 우연한 발견과 너무나 비슷한 이야기다. 이처럼 우연한 발견을 과학사에서는 '세렌디피티(serendipity)'라고 한다. 사전적으로 '행운을 우연히 발견하는 능력'을 뜻하는 말인데, 과학사에서는 완전한 우연으로부터 얻어지는 중대한 발견이나 발명을 뜻하는 말로 쓰인다. 플레밍의 라이소자임과 페니실린 발견은 세렌디피티의 대표적인 예이다.

하지만 완전한 우연에 의한 세렌디피티는 없다는 것이 학자들의 공통된 의견이다. 즉 세렌디피티가 일어나기 위해서는 '준비되고 열린 마음'이 전제되어야 한다는 것이다. 세렌디피티와 관련해 루이 파스퇴르는 "우연은 준비된 자에게만 미소 짓는다."고 말했다.

과학사에서는 이러한 우연에 의한 발견 사례가 많이 존재하는데 콜럼버스의 신대륙 발견, 알프레드 노벨의 다이너마이트 발명, 뢴트겐의 X선 발견, 제너의 종두법, 케쿨레의 벤젠 분자구조 발견이 대표적인 예이다.

유레카의 순간들

펴낸날 초판 1쇄 2017년 4월 30일
초판 3쇄 2018년 6월 1일

지은이 김형근
펴낸이 심만수
펴낸곳 (주)살림출판사
출판등록 1989년 11월 1일 제9-210호

주소 경기도 파주시 광인사길 30
전화 031-955-1350 팩스 031-624-1356
홈페이지 http://www.sallimbooks.com
이메일 book@sallimbooks.com

ISBN 978-89-522-3617-3 43400
살림Friends는 (주)살림출판사의 청소년 브랜드입니다.

이 도서의 국립중앙도서관 출판시도서목록(CIP)은 서지정보유통지원시스템 홈페이지(http://seoji.nl.go.kr)와 국가자료공동목록시스템(http://www.nl.go.kr/kolisnet)에서 이용하실 수 있습니다.(CIP제어번호: CIP2017008959)